Adenauer

Der Garten und
sein Gärtner

Christian Feyerabend
Roland Breitschuh (Fotografien)

Adenauer

Der Garten und sein Gärtner

GREVEN VERLAG KÖLN

17

Ich bin Gärtner, der sät, hegt und pflegt und wachsen lässt

Es gibt Gärten, es gibt Gärtner, und es gibt „Gartenkunst". So nannte man, was Konrad Adenauer in den 1930er-Jahren in Rhöndorf schuf. Ein Garten, ein richtiger Garten, müsse eine „Grundidee" haben, schrieb Fürst Hermann von Pückler-Muskau, der 1834 den Deutschen erstmals „naturnahe Gartenkunst" beibrachte, natürlich orientiert an der englischen. Ein Garten sei wie ein Bild, die Komposition dazu entstehe im Kopf, und wie ein Maler sein Bild, so gestalte der Gärtner seinen Garten.

Womöglich dachte Adenauer an den Gartenpapst des 19. Jahrhunderts, als er 1936 am Zennigsweg in Rhöndorf stand und auf den einstigen Weinberg unweit des Drachenfels sah, auf den „Faulen Berg", der als Baugrundstück angeboten wurde. Ich bin mir sicher, dass er wie ein Maler das Bild von Haus und Garten vor Augen hatte, die Komposition, den Stil, Gartenräume und Bäume. 1937 skizzierte er in einem Schulheft mit Bleistift die Umrisse des Grundstücks, legte die Grenzbepflanzung und die Lage des Hauses fest, zeichnete den Gemüsegarten und den später sogenannten Feldherrenhügel ein. Pinselstrich für Pinselstrich, Farbe für Farbe hat er den Rhöndorfer Garten im Kopf „gemalt" und später nie aufgehört, sein Bild zu übermalen. Denn ein Garten ist ein Organismus, er wächst, er hat Lebenszyklen oder, anders gesagt, eine Geschichte, eine Naturgeschichte, die mit dem Leben des Gärtners, *der sät, hegt und pflegt und wachsen lässt*, eng verbunden ist. Davon erzählt dieses Buch. In seinem Garten in Rhöndorf ist Konrad Adenauers Gemälde noch immer zu bestaunen. Haus und Garten sind heute Denkmäler und gehören einer Bundesstiftung; der Adenauergarten ist außerdem Teil des Europäischen Gartennetzwerks EGHN. Er ist eine Reise wert.

»Der Spiegel« machte Konrad Adenauer 1948 zur Gärtnerikone. Da hatte Adenauer in seinem Rhöndorfer Garten bereits elf Jahre lang gesät und gepflegt. Als Nächstes nahm er sich als Kanzler die Bundesrepublik vor, auf dass auch sie wachse.

19 Da können se Jeduld lernen

Haben Sie einen Garten?, fragte Konrad Adenauer im Frühjahr 1945 Lieutenant Colonel Patterson, den amerikanischen Militärgouverneur von Köln. Patterson wollte Adenauer, den Kölner Oberbürgermeister, den die Nazis 1933 mit dem Tode bedroht, vertrieben und abgesetzt hatten, nach dem Einmarsch der US-Armee in Köln wieder in sein Amt einsetzen. Den Schlüssel zum Rathaus hatte Adenauer einst eingesteckt, aber jetzt, zwölf Jahre später, war Köln eine einzige Ruinenlandschaft, auch moralisch. „Warum sollte ich einen Garten haben?“, fragte Patterson zurück. *Da können se Jeduld lernen,* antwortete der Gärtner aus Leidenschaft in seinem unverwechselbaren rheinischen Tonfall. Und Geduld brauchte es jetzt – in Köln, in Deutschland und in Europa. Da war Adenauer gefragt.

Links eine »Gaura lindheimeri« (Prachtkerze) und rechts eine »Paeonia« (Pfingstrose). Adenauer besaß exzellentes botanisches Wissen und kannte die wissenschaftlichen Gattungsnamen seiner Pflanzen.

23 Der Adenauergarten

58 Stufen führen durch den Vorgarten hinauf zu Adenauers Haus in Rhöndorf: Noch mit 91 Jahren, bis kurz vor seinem Tod am 19. April 1967, ging der erste Kanzler der Bundesrepublik tagtäglich die Treppe hinunter und hinauf. Und bei seinen Gartenrundgängen hinter dem Haus nahm er weitere Stufen am steilen Hang der „Konrad-Adenauer-Höhe“, wie die Lage heute heißt. Wer Haus und Garten besichtigt, wird nach den 58 Stufen vor der Haustür erst einmal zu Atem kommen wollen und das Rheinpanorama bewundern, mit weitem Blick bis in die Eifel. *Wo die Nationalsozialisten alles eng machten, wollte ich wenigstens den Blick in die Weite haben,* wird Adenauer einmal sagen. Rechts der Drachenfels, der Köln verdeckt, und die vormalige Bundeshauptstadt Bonn. Links die Rheininsel Nonnenwerth, gegenüber die Ruine Rolandsbogen, an der sich der 26-jährige Jurist Adenauer mit Emma Weyer aus bester Kölner Familie verlobte. Rheinromantik pur.

Anfang 1937 kaufte Adenauer das Grundstück in Rhöndorf am Rhein. Heute erhält die Stiftung Bundeskanzler-Adenauer-Haus den Garten und das Haus so, wie Adenauer sie bei seinem Tod hinterließ. Auch wer schon andere historische Privatgärten in Europa gesehen hat, wird angetan sein von diesem Garten, von seiner schönen durchdachten Anlage, der Vielfalt der Bäume und Pflanzen. Haupt- und Nebenwege, Pfade und Schleichwege durchziehen den Garten, führen zu den im Laufe der Jahreszeiten wechselnden botanischen Sensationen und zu „italienischer Gartenkunst“: Hier und dort stehen barocke Brunnen, Statuen und Steinbänke, mit Blick bis an den Horizont. Wo immer möglich, gibt es Mauern und Mäuerchen. Nach Regenfällen ist Vorsicht geboten, will man nicht auf die vielen Weinbergschnecken treten.

Das Besondere an Adenauers Garten, das sich dem Besucher unmittelbar erschließt, ist die Aufteilung in vielfältige Gartenräume: eine „Rosenterrasse am Memoirenpavillon“, ein „Rosengarten am Kaskadenbrunnen“, Beete am Schafstall, an der „Löwenbank“, am „Teehaus“ und am „Feldherrenhügel“. Und es gibt regelrechte „Gartenzimmer“ mit unterschiedlicher Funktion, unterschiedlicher Bepflanzung und Möblierung, wie Fürst von Pückler-Muskau dies in seinen *Andeutungen über Landschaftsgärtnerei* schön beschrieben

Italienische Gartenkunst: Der barocke Putto ist ein Mitbringsel aus Cadenabbia am Comer See, dem geschätzten Feriendomizil in späten Kanzlerjahren.

hat: „Wenn der Park eine zusammengezogene idealisierte Natur ist, so ist der Garten eine ausgedehntere Wohnung.“ In ihr sei der Himmel die Decke, Sonne und Mond die Leuchter.

Adenauers Wohnung unter freiem Himmel umfasste zunächst etwa 3.200 Quadratmeter und vergrößerte sich später auf rund 4.500 Quadratmeter. Er hat den Garten selbst geplant und angelegt, die Bepflanzungspläne gemacht und zu Spaten, Schubkarre und Gießkanne gegriffen. Aber am Anfang war es nur ein *Garten in Gedanken.*

Ein richtiger Gärtner braucht nur wenige Geräte. Der Strohhut war für Adenauer jedoch unverzichtbar am Rhöndorfer Sonnenhang mit seinem mediterranen Klima.

27 Prima Klima: Nizza am Rhein

Dass es im Adenauergarten das ganze Jahr über grünt und blüht, ist nicht zuletzt dem besonderen Klima in Rhöndorf zu verdanken. Die Gegend wird auch „Rheinisches Nizza“ genannt, eine Bezeichnung, die auf niemand Geringeren als den berühmten Naturforscher Alexander von Humboldt zurückgehen soll.

Wie ein Gartenschlauch schlängelt sich der Rhein durch das Mittelrheintal. Bei Rhöndorf beginnt der Brausekopf, die Köln-Bonner Bucht. In dem engen windgeschützten Tal sind die Winter mild, die Vegetationszeit beginnt zwei Wochen früher als im nahen Köln und dauert länger.

Obendrein hat der „Adenauerhügel“ in Rhöndorf ein spezielles Mikroklima. Niemand weiß das besser als der benachbarte Winzer Karl-Heinz Broel, dessen Familie die Weinberge am Drachenfels schon seit 1742 bewirtschaftet. Broels Vater war Lieferant des Bundeskanzlers. Er selbst produziert noch heute „Adenauerweine“. Was für seine Weinberge gilt, gelte auch für den Adenauergarten, sagt er, als ich ihn besuche:

> „Das Siebengebirge im Rücken von Rhöndorf hält die kalten Nord- und Ostwinde ab. Das vulkanische Trachytgestein des Drachenfels, das schon die Römer abgebaut haben, ist ein vorzüglicher Wärmespeicher. Ebenso der Rhein, der mit seinem Wasser das Klima mildert. Außerdem spiegelt der Rhein den Himmel und die Sonne, sodass Rhöndorf und seine Hänge von Licht durchflutet sind. Das ist nicht nur gut für die Fotosynthese, sondern auch für die Psyche. Aber was für einen Winzer und seinen Wein einerseits gut ist, die steile Hanglage, ist andererseits eine Qual. Auch für den Gärtner Adenauer.“

Ob Wein, Oleander oder Feigenbaum – mediterrane Pflanzen fühlen sich im Adenauergarten mit seiner südwestlichen Ausrichtung zu Hause „wie an der Côte d’Azur“.

Die Komposition des Gartengemäldes ist eines, die Farbpalette des Gärtners das andere. Adenauer liebte klare Farben, insbesondere blau. Die Farben mussten harmonieren. Waren die Farben »charakterlos«, hieß es: »fort, entfernen«.

33 Der Garten in Gedanken

Ich lese fast täglich in Staudenkatalogen [...], so schaffe ich mir in Gedanken Gärten, schrieb Adenauer im Juni 1933 aus dem Kloster Maria Laach an die Freundin und Gartenliebhaberin Dora Pferdmenges. Sie war die Gattin des Bankiers Robert Pferdmenges, der, wie Adenauer, gegen die Nazis war und die Bank Sal. Oppenheim vor der Arisierung bewahrte. Nach seiner Absetzung als Oberbürgermeister und der Verbannung aus Köln fand Adenauer in der Benediktinerabtei für ein langes Jahr Zuflucht. Er hatte seit 1911 mit seiner Familie in einer großbürgerlichen Villa im Kölner Stadtteil Lindenthal gewohnt und ahnte, dass die Nazis ihm dieses Haus und den geliebten Garten nicht wiedergeben würden. Da blieb ihm zunächst nur ein „Garten in Gedanken“. *Welch ein Segen, daß die Gedanken nicht an Raum und Zeit gebunden sind.*

Er blätterte in Maria Laach aber nicht nur in Staudenkatalogen, er las auch Gartenbücher und beschäftigte sich, ja studierte regelrecht Fachbücher über Landwirtschaft – *es ist wirklich keine Kleinigkeit.*

Eines dieser Bücher stand zeitlebens in seiner Bibliothek: *Garten als Zauberschlüssel* von Karl Foerster. Mit Tinte vermerkte er vorne: *Maria Laach 1933.* [1] Auf Seite 120 strich er ein Goethe-Zitat an: „Die Stimmung in der großen Welt durchschauert jedes Mal tief meine kleine ... Fühle mich wie eine magische Auster, über die seltsame Wellen hinweggehen.“

1933 fand Adenauer in der Abtei Maria Laach Zuflucht vor den Nazis. Er bekam einen Schlüssel für die Gartenpforte, damit er unbemerkt in den Wald spazieren konnte. Dort entdeckte er wilde Christrosen. Später gab es in seinem Garten stets Christrosen, die zu Weihnachten blühten.

So fühlte sich wohl auch Adenauer in dieser Zeit, wie eine Auster, die sich verschließen musste angesichts der Terrorwellen der Nazis, die ihn mit dem Tod bedrohten. Halt gaben ihm seine Familie, gute hilfreiche Freunde und der „Zauberschlüssel Garten".

Karl Foerster wird noch heute als Staudenzüchter gerühmt, damals war er der Prophet eines „modernen naturnahen Gartens" und einer neuen Villenarchitektur, in der Haus und Garten zu einer Einheit werden sollten. [2] Auf beides wird Adenauer später zurückkommen. In Maria Laach konnte er sich notgedrungen alles nur im Geiste ausmalen.

Aber immerhin waren ihm in seinem Klosterexil botanische Experimente möglich. Schon in seinem ersten Brief an Dora Pferdmenges aus Maria Laach schreibt er am 27. April 1933:

> *P.S. Bitte machen Sie von der Skimmia einige Stecklinge, wenn die jungen Triebe anfangen zu verholzen. Meine Adresse ist: Außenumschlag an die Abtei Maria Laach [...]. Es ist erwünscht, auch im Interesse des Klosters, daß mein Aufenthalt möglichst wenigen bekannt wird.*

Die Stecklinge kamen an, und Adenauer berichtete der Freundin fortlaufend von seinen Versuchen, sie zu einer Pflanze heranzuziehen.

> 16. Mai 1933: *Die Skimmiazweige haben kleine Zweige im Wasser getrieben, ich will einmal sehen, ob sie im Wasser Wurzeln machen, ich fürchte zwar, es ist vergebliche Müh!*
> 6. Juni 1933: *Es ist mir gelungen, mit ziemlich aktiver und passiver Geduld [...] 3 Skimmiazweiglein in meinem Zimmer in einem Wasserglas zur Bewurzelung zu bringen, 1 steht jetzt in Erde, die 2 anderen werden demnächst eingetopft. Ich gebe mir die größte Mühe mit ihnen und hoffe, sie später als erinnerungsreichen Besitz nach Hause zu nehmen.*
> 30. August 1933: *Ich habe Unglück mit meinen Skimmiapflanzen gehabt. Stehen sie bei Ihnen trocken oder feucht? [...] Hoffentlich bekomme ich sie noch durch.*

Er bekommt sie durch. Fünf Jahre später, am 17. März 1938, schreibt er aus Rhöndorf an Dora Pferdmenges: *Meine geliebten Skimmias aus 1933 sind in der Erde.*

Noch heute steht ein immergrüner Strauch Skimmia japonica am Hauseingang und trägt im Winter rote Früchte.

37 Der Faule Berg

Drei Jahre lang kämpfte Adenauer nach seiner Absetzung als Kölner Oberbürgermeister mit Anwälten dafür, seine Pension und eine Entschädigung für seine Villa in Köln-Lindenthal zu erhalten, die er unter Zwang verkaufen musste – man könnte auch sagen, dass sie ihm geraubt wurde. Einen Rechtsstaat gab es unter Hitler nicht mehr, aber, oh Wunder, der Herr Oberbürgermeister, wie er trotz Naziverdammung noch von vielen ehrfurchtsvoll genannt wurde, erhielt schließlich von der Stadt Köln eine Pension, wenn auch reduziert, und eine Entschädigung für die Villa. So hatte er 1937 genug Geld, um ein neues Haus zu bauen und den Garten in Gedanken Wirklichkeit werden zu lassen. Nur wo? Übrigens macht *Rhöndorf einen ganz ordentlichen Eindruck.* In Rhöndorf am Rhein wohnte die Familie seit 1935 in einem Haus mit Garten zur Miete. Jetzt sollte es wieder etwas Eigenes werden, nach seinen Vorstellungen.

Mitte der 1930er-Jahre war Rhöndorf noch nicht so verdichtet mit Häusern wie heute. Es war ein Winzerdorf, ein Kur- und nobler Villenort. Noch heute liegen mit die nördlichsten Rebhänge am Rhein unterhalb des Drachenfels.

Damals kriselte der Weinbau, Winzer gaben auf. Adenauer kaufte Anfang 1937 eine Parzelle am Faulen Berg. Den vernachlässigten Rebhang ließ er für das Haus und den Garten roden. Noch heute kann man links von der Treppe zum Haus die ursprünglichen Weinterrassen erkennen. Als Geschenk der Stadt Rhöndorf wurde die Lage zu seinem 90. Geburtstag 1966 in „Konrad-Adenauer-Höhe" umbenannt. Er hat zweifelhaftere Geschenke bekommen.

»Übrigens macht Rhöndorf einen ganz ordentlichen Eindruck.« Der Faule Berg um 1945. Zentral am steilen Hang gelegen das Adenauerhaus.

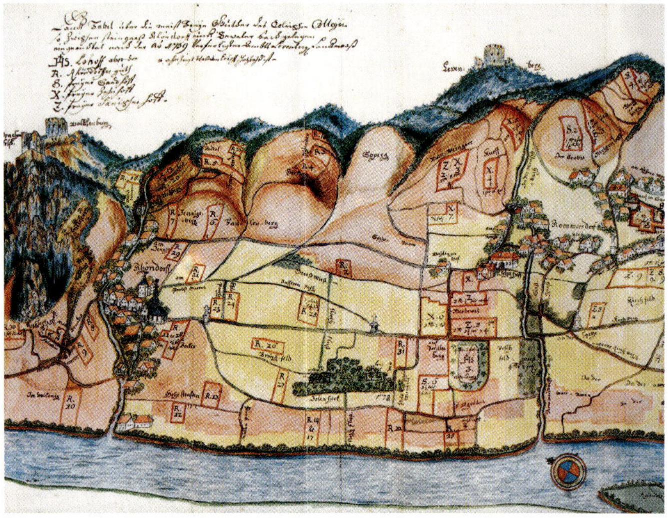

Am Faulen Berg wurde jahrhundertelang Wein angebaut: Die »Land Tabel« von 1739 verzeichnet die Weinberge südlich des Drachenfels (links) mit der Löwenburg im Hintergrund. Adenauers Grundstück war ein aufgelassener Rebhang.

Haus und Garten erdachte er selbst – bis ins kleinste Detail. Aber er wäre nicht Adenauer gewesen, hätte er seine *Gedankengänge* zum Garten, den Plan zur Gesamtanlage samt Hangtreppen, Terrassenmauern und Bepflanzung nicht von Fachleuten prüfen lassen. Am 13. April 1937 schrieb er an Dora Pferdmenges: *Morgen ist – vielleicht – ein wichtiger Tag für mich; ein Techniker von Rang kommt zu mir und prüft meine Gedankengänge.*

Für einen Terrassengarten war die Hanglage ideal, für ein repräsentatives Haus stellte sie ein Problem dar. Der *Techniker von Rang* war der Statikprofessor der Technischen Hochschule Aachen Josef Pirlet, wie Adenauer ein Verfolgter des Naziregimes. Auf ihn geht die sogenannte Pirletmauer zurück, die Stützmauer, die das Adenauerhaus vor dem Abrutschen sichert.

Was Karl Foerster 1934 in seinem Buch *Garten als Zauberschlüssel* schrieb, sollte sich auch heute noch jeder Gärtner zum Prinzip machen: „Wenn du einen Garten anlegst, mache ihn um Gottes willen nicht flach, sondern nütze alle Vorwände und alle Möglichkeiten für ein Oben und Unten des Gartens aus." Adenauer brauchte keine „Vorwände". Mehr Oben und Unten als in seinem Garten kann es von Natur aus nicht geben. Es lag nahe, in dem vormaligen Weinberg wieder Terrassen für Beete und Gartenräume anzulegen. In einem Kostenvoranschlag ist von „Trockenmauerwerk aus bruchrauhen Trachitgesteinen unter Verwendung eines Lehm-Kuhdunggemisches" die Rede. Die Steine kamen aus der Umgebung, und damals gab es auch noch Maurer, die solche Mauern ohne Mörtel kunstvoll aufschichten konnten. Trockenmauern sind ein idealer Wärmespeicher, ein Biotop für Eidechsen, Schlangen und „Mauerblümchen".

Aber wie kamen die vielen schweren Steine den steilen Hang hinauf? Eine der Attraktionen des nahegelegen Drachenfels waren Esel. Mit ihnen konnten Touristen bequem auf den „höchsten Berg Hollands" reiten, wie er wegen der vielen Besucher aus dem Nachbarland genannt wird. Was lag näher, als Esel für den Steintransport auf den Faulen Berg zu mieten? So wurde es gemacht.

Heute sind diese Trockenmauern, die lange Zeit zugewachsen waren, wieder freigelegt und bepflanzt wie zu Adenauers Zeiten:

> *Bleiwurz (Plumbago) und Herbst-Leimkraut (Silene schafta) sind ausgezeichnete Spätsommer- und Herbstblüher in Steinfugen der Mauern. Sie kommen aber nur zur Geltung, wenn sie nicht von der großen Sonnenblume (Helianthus (!)) und dergleichen erdrückt werden.*

So hatte Adenauer einen weiteren *Fachmann von Rang* angewiesen, den Diplom-Garteninspektor Otto Berns. Er ließ ihn sogar wieder Steine aus den Mauern entfernen, um Platz zu schaffen für noch mehr Pflanzen.

43 Gartenträume – Gartenräume

Ist das kenntnisreiche, tiefgründige, im Stil der Zeit verschwurbelte Buch von Karl Foerster, das Adenauer in Maria Laach durchgearbeitet hatte, ein Schlüssel zu seinem Garten in Rhöndorf? Wer es liest, sich die Schwarzweißfotografien ansieht und alles mit dem Garten vergleicht, wird viele Parallelen entdecken. Foerster forderte, „das neue Wohnen“ mit dem Garten zu verbinden:

> „Früher waren Haus und Garten zwei Dinge, die sich oft den Rücken zuwandten: Jetzt sitzt man im Zimmer dem Garten auf dem Schoß und erlebt Blüten und Farben auf ganz andere Weise als früher bei gelegentlichen Gängen und Besuchen. Wohnterrassen schieben sich hinaus in den Garten, und Gärten dringen mit hellen Pflanzenräumen ins Haus. [...] Bis ins kleinste geht die Wechselwirkung zwischen Architektur und Gartenwesen. Klare Baugesinnung vertreibt Gartenphrasen. Ungewohnter Zusammenklang von Haus und Garten bahnt sich an.“

Dieser „Zusammenklang von Haus und Garten“ findet sich in Rhöndorf wieder. Alle Wohnräume nach Süden haben als Pendant „Gartenräume“ in Zimmergröße. Adenauer benennt sie auch so. Er spricht vom „Schlafzimmergarten“, vom „Arbeits- und Esszimmergarten“ und vom „Kajütengarten“ unterhalb der Veranda, die wie eine Kapitänskajüte über der Terrasse mit dem Gewächshaus und dem Seerosenbecken thront. Foersters „Gartenbühne und Wohnungsloge“, die Verbindung von „innen und außen“, ist hier auf ideale Weise verwirklicht.

Foerster ging es um „Gartenfortschritt“. Sowohl er als auch Adenauer waren Gartenkosmopoliten. Von einem „deutschen Garten“, der „allein nordischem Wesen und Empfinden entspricht“ und sich von „fremden Einflüssen freimacht“, wie ihn zum Beispiel der Berliner Gartenbauinspektor Max Kämpfer propagierte, hielten sie gar nichts.

Ein Garten ist eine Kopfgeburt. Die Struktur hatte Adenauer erdacht und umgesetzt, nun musste der Bepflanzungsplan folgen. Aber ehe es an die Beete ging, war etwas anderes angesagt.

Der Blick aus der »Wohnungsloge« auf die »Gartenbühne« mit wechselnder Vierjahreszeitenkulisse: Auftritt eines barocken Putto mit wasserspeiendem Delfin.

47 Die Bäume zuerst

Die Bäume zuerst. Das weiß jeder Gärtner, denn sie wachsen am langsamsten. An seine Gartenfreundin Dora Pferdmenges schrieb Adenauer am 15. November 1937:

> *Ich glaube, daß Sie Recht haben und daß man mit dem Pflanzen der Rosen und Stauden bis Februar warten soll. Bäume und Sträucher will ich aber jetzt noch pflanzen lassen, d. h. Ende des Monats. Ich lege Ihnen ein Verzeichnis – selbst geschrieben – der Bäume und Sträucher bei, die ich pflanzen will, und ich werde es dankbar begrüßen, wenn Sie es ergänzen oder kritisieren. Es sollen einige Zierbäume in der Nähe des Hauses gepflanzt werden, Beerenobst und Ziersträucher auf 1–2 m breiten Streifen an den Grenzen des Grundstücks.*

Wenige Tage zuvor hatte Adenauer ein Gartenbuch begonnen. Darin listete er alle Bäume auf, die im Garten gepflanzt werden sollten: von A wie Ahorn bis Z wie Zeder. Nicht zu vergessen die Obstbäume, als da wären: Apfel, Aprikose, Birne, Esskastanie, Kirsche, Nektarine, Pfirsich, Pflaume, Quitte, Walnuss. Als Allererstes setzte er jedoch einen Blauglockenbaum *(Paulownia tomentosa)*, der zuvor im Garten seiner Villa in Köln-Lindenthal gestanden hatte und den er nach Rhöndorf verpflanzte. Dieser Baum sollte 80 Jahre alt werden. Als er 15 Meter hoch und morsch war, musste er 2014 abgesägt werden. Sein Rest steht als „Denkmal" noch immer am Treppenaufgang zum Haus.

Noch während am Haus gebaut wird, setzt Adenauer im Obstgarten Hochstämme: vor allem Apfel- und Kirschbäume. Nie hat er Gärtnerkleidung an, immer trägt er Abgelegtes aus dem Kleiderschrank.

Einen Blauglockenbaum zu pflanzen war eine gute Wahl von Adenauer, denn der wächst schnell, zwei Meter im Jahr. Er wird auch Kaiserbaum genannt, weil Kaiser Franz Joseph ihn liebte und überall in seinem Reich anpflanzen ließ. Der Zuwanderer aus Asien benötigt ein warmes Klima und wird erst mit den Jahren winterhart. Im südlichen Klima des Adenauergartens gedieh er prächtig. Und als man ihn Jahrzehnte später absägte, hatte er bereits selbst für Nachwuchs gesorgt: Einer seiner Samen war in der Nähe gelandet, hatte gekeimt und war herangewachsen. Jedes Jahr von April bis Mai blüht der Nachfolger herrlich blau; von seinen aufrechten Blütenständen hängen glockenförmige Blüten herab, außen rosaviolett, innen gelb gestreift. Eine Pracht. Adenauer wusste, was etwas hermacht.

Ein Feigenbaum (rechts) trägt jedes Jahr reichlich süße Früchte. Adenauer brachte ihn einst vom Comer See mit. Auch mediterrane Sträucher und Stauden gedeihen im milden Rhöndorfer Klima.

Im Jahr 2013 erstellte der Forstassessor Udo Einig erstmals ein amtliches Baumkataster des Adenauergartens. Er untersuchte und erfasste wie in einem Steckbrief jeden Baum, mit all seinen Eigenheiten. 30 Bäume umfasst die Liste, darunter fünf Süßkirschen, drei Walnussbäume, einen Feigenbaum und einen Aprikosenbaum. Adenauer kam es auch auf den Nutzen und Genuss an, nicht nur auf die Zierde.

Jeder Baum hat heute eine Nummer, einige stehen unter jährlicher Beobachtung. Es sind Bäume in der „Stagnations- und Resignationsphase", bei denen sich die Frage stellt, ob sie noch standfest sind oder Totäste die Besucher gefährden könnten. Stagniert der Baum nur, so steht es im Baumkataster, dann „verlichtet er deutlich", dann könne auch ein „aufmerksamer Laie" erkennen, „dass es dem Baum nicht mehr gut geht". Doch den meisten Bäumen im Adenauergarten geht es gut. Nur beim Aprikosenbaum muss ein Ast „bei starkem Fruchtbehang" gestützt werden. Doch der war schon Adenauers Patient – davon wird noch zu erzählen sein.

Apfelbäume gab es zu Adenauers Lebzeiten mehr als heute. Sie gehören in jeden Nutzgarten – für Saft, Kompott und Appeltaart, zum Lagern und für den weihnachtlichen Bratapfel. Inzwischen wurden wieder welche nachgepflanzt. Der Mammutbaum, der hinter dem Haus bella figura macht, hat sich erst nach Adenauers Tod selbst gesät.

Die Bäume zuerst – auch eine Gartenerfahrung, die einen Politiker Geduld lehren kann. Denn der Gärtner weiß, es dauert, bis sie Früchte tragen.

53 Ich habe Baufreuden

Während Adenauer mit der Anlage des Gartens beschäftigt war, wurde das Haus hochgezogen. Die Grundrisse der Etagen hatte er – wie könnte es anders sein – selbst geplant, nach seinen Bedürfnissen und denen der Familie. In der Beletage gibt es ein kleines Empfangszimmer, ein großes Wohnzimmer, ein Esszimmer und das „Kajütenzimmer". Im oberen Stock das Arbeitszimmer, das Elternschlafzimmer, das Bad, ein Mädchen- und ein Jungenzimmer und unter dem Dach kleine Räume für Gäste und Personal.

Sein Schwager, der Architekt Ernst Zinsser, setzte Adenauers Vorstellungen in Baupläne um, übernahm die Bauanträge und die Bauleitung. Er war auch für den „künstlerischen Charakter" des Hauses und „künstlerische Motive" außen wie innen verantwortlich. Doch Adenauer bestimmte natürlich bei jedem Detail mit, bis hin zur Zahl der Gitterstäbe in der Eingangstür.

Der Bauherr 1937 auf der Baustelle. Man kann sicher sein, allen schaute er auf die Finger. Seitenlange Mängellisten folgten.

Anfang 1937 begannen die Bauarbeiten, am 13. April schrieb er an Dora Pferdmenges: *Ich habe „Baufreuden", d.h. Schwierigkeiten sind noch nicht da, aber es ist mir etwas lästig.* Bald ist es nicht nur *etwas lästig*, es beginnt *ständiger Ärger und Sorge: Der Bauunternehmer ist ein ausgemachter Betrüger. Der Architekt reichlich jung. Ich muss also immer eingreifen und den Leuten die Meinung sagen.*

Viele Seiten Schriftwechsel mit Zinsser und dem ausführenden Architekten Fritz Wolfgarten, mit Firmen, Handwerkern und Anwälten zeugen davon. Jahrelang ging es hin und her.

Der Bau dieses Hauses ist eine Katastrophe geworden, schrieb Adenauer im Mai 1938 an den *lieben Ernst*. Die Kosten hatten sich mehr als verdoppelt, die Mängelliste Adenauers füllte viele Seiten in einem Heft: Der Keller mit den Pfeilern für den Balkon war am Hang abgerutscht – Gott sei Dank rechtzeitig, sodass nachträglich eine Stützmauer zur Sicherung angebracht werden konnte. Wände waren schief und hatten Risse; Drainagen wurden falsch verlegt und waren undicht. Das Dach wurde mit grauer, minderwertiger Pappe gedeckt und musste wieder abgedeckt werden – um nur einige der Katastrophen zu nennen. Und all das passierte ausgerechnet Adenauer, der als Kölner Oberbürgermeister unter anderem eine Hängebrücke, die Messe und die Universität hatte bauen lassen.

Adenauer machte Zinsser für Baumängel und Kostensteigerungen verantwortlich: *Die Schuld liegt zu einem sehr grossen Teile bei Dir und Wolfgarten.* Er habe den Eindruck, dass *das ganze Bauvorhaben zu leicht genommen worden ist.* Streitpunkt war unter anderem das Honorar für Fritz Wolfgarten, einen jungen, relativ unerfahrenen Architekten aus Rhöndorf. Adenauer unterstellte Zinsser, er habe mit Wolfgarten ein Festhonorar von 1.100 RM vereinbart und gesagt, „für einen Mann auf dem Lande sei das eine schöne Summe". Zinsser dementiert: „Lieber Konrad. Ich muss Dir direkt widersprechen. Die ganze Einstellung, die aus diesen Sätzen spricht, ist mir völlig fremd." Die Honorarforderungen „sind einigermaßen überzeugend. Sie treffen den Nagel auf den Kopf". Adenauer war völlig anderer Ansicht. Er gab erst 1940 vorläufig Ruhe, als der Architekt Wolfgarten zur Organisation Todt eingezogen wurde, einer NS-Sonderorganisation für kriegswichtige Bauvorhaben wie den Westwall und den Atlantikwall.

Die »Rosenterrasse« ist das repräsentative Empfangszimmer im Garten. Hier zeigte der »rheinische Gartenfreund» (Rudolf Augstein) seine Rosenlieblinge.

59 Der Gärtner von Rhöndorf

Im Dezember 1937 waren nicht nur etliche Bäume in der Erde, auch das Haus war bezugsfertig – trotz aller Katastrophen. Obergärtner Konrad, seine zweite Frau Auguste (Gussie) und ihre vier Kinder Paul, Charlotte (Lotte), Elisabeth (Libet) und Georg konnten Weihnachten im neuen Domizil feiern. „In einem behaglichen und schönen Nest an einem fantastisch schönen Flecken", wie Schwiegermutter Wilhelmine Zinsser befand. Im Garten blühte eine Christrose.

Im März 1938 konnte Adenauer Dora Pferdmenges berichten:

> *Die von Ihnen so sorgsam eingepflanzten Sachen sind gegossen, die Lilienzwiebel in der Erde, alles andere, das morgen gepflanzt wird, ist angefeuchtet. Die Sonne ging herrlich unter, das Rheintal war erfüllt von rotem Gold. [...] Der Garten hat seine Einweihung erhalten und ist mit Seele erfüllt.*

Der Garten in Gedanken, den er sich ausgemalt hatte, war zu einem Garten aus Erde geworden, mit Bäumen und Büschen, mit Wegen, Trockensteinmauern, Terrassen und Pflanzen. *Ich werde versuchen, alles [...] zur schönsten Entwicklung und Blüte zu bringen,* schreibt er in seinem Brief weiter. Adenauer hatte dem Garten eine Individualität gegeben, ihm die Seele eingehaucht.

61 Jahre war Adenauer alt, als er den Garten anlegte, als er schaufelte und grub, Bäume, Stauden und Rosen pflanzte, als er säte und Gemüse zog. Wenn es zu trocken war, habe er bis zu vierzig Gießkannen Wasser den Hang hinauf geschleppt und sei dabei glücklich über die Schwielen an seinen Händen gewesen. So hat er es seiner Sekretärin Anneliese Poppinga erzählt, als er bereits Bundeskanzler war. Adenauers Schwiegertochter Lola schrieb später in einem Rückblick:

„Mein Schwiegervater arbeitete das ganze Jahr hindurch im Garten. Er hatte immer eine alte Hose an, die stets von neuem geflickt werden musste, denn er hing sehr daran. Im Sommer trug er einen großen Strohhut, der ebenfalls sehr mitgenommen war, und außerdem eine Gärtnerschürze."

Adenauer mochte den Winter nicht, doch selbst in der von ihm ungeliebten Jahreszeit bietet sein Garten frostige Schönheiten.

Und Adenauers Tochter Libet erzählte dem Adenauerbiografen Werner Biermann:

> „Ach, die Gartenarbeit bedeutete ihm ganz viel. Dieses Gestalten im Garten und seine Vorstellungen dann umsetzen, das Gedeihen beobachten. Er hat sich ganz viel Mühe darum gegeben. Er hat zum Beispiel den Steingarten angelegt [...]. Und sonst hat er auch ganz viel alleine gemacht. Er hat im Sommer immer die schwere Zinkkanne geschleppt. Da gab es noch keine Bewässerungsanlagen und nichts. Die Gartenarbeit hat ihm große, große Freude gemacht."

Dagegen habe bei der politischen Arbeit gegolten: „Man hatte seine Pflicht zu tun." Adenauer folgte seit seinem Studium den Grundsätzen des protestantischen Laientheologen Carl Hilty: „Das Leben soll man überhaupt nicht ‚genießen' wollen, sondern fruchtbringend gestalten." Man solle sich auf einen „bedeutenden Lebenszweck" konzentrieren und ihn verfolgen. Für Adenauer gehörte der Garten natürlicherweise dazu. Denn Gartenarbeit ist ja nicht nur schweißtreibend, sie ist auch „fruchtbringend". Und deshalb, so vermutete seine Tochter Libet, habe ihr Vater sicher auch mit Lust im Garten gearbeitet. Denn an den Früchten und Blumen und der Arbeit habe er immer Freude gehabt. Und jeder Gärtner weiß, selbstgezogenes Gemüse, eigenes Obst schmeckt besser als gekauftes, Gartenblumen sind schöner als die aus dem Laden. Angesichts der großen Familie war die Gartenwirtschaft zudem auch sparsamer. Adenauer, der aus kleinen Verhältnissen kam, legte lebenslang Wert auf Sparsamkeit. Und Selbstversorgung sollte noch ganz wichtig werden.

Noch pflanzt Adenauer im »Esszimmergarten« Hochstammrosen. In Kriegszeiten wurden aus Rosen- Gemüsebeete für die Selbstversorgung mit Salat, Kohl, Bohnen und Kartoffeln.

65 Ein Garten für die Stadt

Was kann es für einen Gärtner Besseres geben als „terra blanca", ein weißes Blatt für kreative Ideen, aber auch für Erfahrungen, Fehlentscheidungen und Rückschläge, kurz, für eine Schule der Geduld. Visionen, Planen und Gestalten, das lag Adenauer. Nachdem er 1917 zum Kölner Oberbürgermeister gewählt worden war, hatte er schon einmal einen „Garten" initiiert und mitgeplant: den Grüngürtel, das ehemals freizuhaltende Schussfeld der preußischen Festungsstadt am Rhein. *Wald, Feld und Wiese sind eine Lebensfrage Kölns,* proklamierte er: *Jetzt muss es sich entscheiden, ob Köln eine riesige Steinwüste sein wird oder aber eine Stadt, deren Bewohner ein menschenwürdiges Dasein führen können.*

Adenauer wollte *Licht und Luft, große Gärten und Zusammenhang mit der Natur.* Im Vorland des Kölner *Festungspanzers* hätte man nach dem Ende des Ersten Weltkriegs auch Viertel für *Villenbesitzer* planen und bauen können. Aber das sei seiner *Meinung* nach *nicht sozial, weil nur für die Angehörigen der reicheren Klasse.* Stattdessen wollte er:

> *Grüne Anlagen [...], die sich, was Größe und Schönheit angeht, würdig an die Seite stellen konnten mit dem Besten, das die moderne Baukunst bisher zu Stande gebracht hat. [...] Warum soll der Großstädter ein Höhlenbewohner sein, in dessen Mauern Sonnenaufgang und Sonnenuntergang, der weite Horizont des Himmels, das Sternenmeer, das Wachsen, Blühen und Welken der Natur, der Erdgeruch nicht mehr zu sehen, zu spüren ist!*

Gartenvisionär im Kleinen wie im Großen: links Adenauers Skizze seines Rhöndorfer Gartens, rechts der Plan des von ihm initiierten Kölner Grüngürtels »zum Wohle der Großstadtbevölkerung«.

Er forderte nicht nur, er setzte es durch. Für die Kölner Arbeiter und Angestellten, die nicht wie die Reichen einen großzügigen Garten hatten, ließ er nach dem Inneren auch den Äußeren Grüngürtel anlegen, mit Liegewiesen und Wald, künstlichen Seen für Kahnfahrten und einer Regattastrecke, mit einem Stadion, Fußball- und Tennisplätzen. Nicht zu vergessen die vielen Kleingartenanlagen, die noch heute bestehen.

Als Oberbürgermeister vertrat er außerdem: *Das öffentliche Interesse, soziale und sittliche Gesichtspunkte verlangen gebieterisch, daß das Privateigentum an Grund und Boden sich höheren Zielen unterordnen muß.* Es handele sich *um höchste Fragen der Kultur und des sozialen Fortschritts und der Moral.*

1919 hatte Adenauer ein preußisches Sondergesetz für Köln erwirkt, das Enteignungen für ein „soziales Grünflächenprogramm" ermöglichte. Man mag sich verwundert die Augen reiben, aber zumindest was *Licht und Luft und Grünanlagen* für die ärmeren Klassen betrifft, war Adenauer ein Schwarz-Rot-Grüner. Und dann waren da noch Tausende Erwerbslose in Köln, die er bei der Anlage des Grüngürtels einsetzte und entlohnen ließ. Noch heute danken ihm die Kölner den fantastischen Grüngürtel.

Nicht erst in Rhöndorf gehörte Konrad Adenauer zur „Klasse der Villenbesitzer". Schon nachdem er 1909 Erster Beigeordneter und damit stellvertretender Kölner Oberbürgermeister geworden war, hatte er sich eine Villa im Großbürgerviertel Lindenthal bauen lassen. Aber er vergaß nicht, wo er herkam. Sein Vater war Knecht auf einem Hof in der Nähe von Bonn gewesen, der für den gesellschaftlichen Aufstieg in die preußische Armee ging und sein Leben riskierte, bevor er Kanzleirat wurde. Als Kind lebte Adenauer auf engstem Raum in einer Etagenwohnung in einem dicht bevölkerten Kölner Viertel. Was da aus den Schornsteinen der Häuser, Werkstätten und Kleinbetriebe kam, versmogte die Umwelt. So erfuhr er, was es heißt, *kein Grün, kein Licht und keine Luft* zu haben. Aber immerhin gab es hinter dem Elternhaus einen kleinen Garten. Da hatte er zwei kleine Beete für sich, säte, pflanzte, jätete Unkraut, erntete und spürte den *Geruch der Erde.* Adenauers Sohn Paul erzählte, sein Vater habe immer eine „heimliche Sehnsucht nach dem verlorenen Garten seiner Kindheit gehabt".

Edelrosen im Rhöndorfer Garten. Auch im Kölner Grüngürtel ließ Adenauer ganz demokratisch für Arbeiter und Angestellte Rosengärten anlegen.

71 Ich will mir in der Botanik einen Namen machen

Hinter dem Haus lag ein Garten. Er war zwar klein, aber mir bedeutete er viel. Ein Baum stand darin, zwei Rebstöcke, und in der Mitte war ein Rasenplatz, den Mutter als Wäschebleiche benutzte. [...] Auch ich bekam zwei kleine Beete zugewiesen. In das eine säte ich Blumen, in das andere Radieschen. Täglich beobachtete ich das Wachstum der Pflanzen. Doch eines Tages wurde ich ungeduldig und zog die Radieschen aus der Erde, um zu sehen, wie dick die roten Knollen schon waren. Am nächsten Morgen waren meine Radieschen verwelkt. „Man muss die Dinge geduldig wachsen lassen", sagte mein Vater. Es war für mich die erste Belehrung der Erde, und da ich meiner Liebe zur Gärtnerei treu geblieben bin, folgte noch manche andere.

So hat Adenauer es seinem ersten Biografen Paul Weymar erzählt. Als Elfjähriger war sein größter Wunsch ein Botanikbuch. Denn dafür interessierte er sich. Er bekam das Buch zwar nicht, denn die Eltern mussten jeden Pfennig umdrehen. Dies hielt ihn jedoch nicht davon ab, ein ehrgeiziges Ziel zu verfolgen: Er wollte sich mit einer Züchtung *in der Botanik einen Namen machen.* Seine Kreation sollte eine Kreuzung aus Geranie und Stiefmütterchen werden und seinen Namen erhalten: ‚*Viola tricolor* Adenaueriensis'. Dabei wollte er das Beste der beiden Pflanzen vereinigen: Die Züchtung sollte dreifarbig sein wie ein Stiefmütterchen und ranken wie eine Geranie. Das Experiment misslang.

Es war Adenauer *eine weitere Belehrung der Erde.* Als Politiker hat er sich später an diese Lektion erinnert: Nicht alles lässt sich zusammenzwingen. So vermied er, solange er Kanzler war, eine Große Koalition. Erst nach seinem Rücktritt 1963 befürwortete er sie.

Was neue Rosenzüchtungen betraf, hielt Adenauer sich stets auf dem Laufenden. Züchter war er jedoch nie. Schon als Kind war ihm eine Kreuzung aus Geranie und Stiefmütterchen missglückt.

73 Garten-Kinder

Wer als Kind im Garten der Großeltern oder Eltern war, wird den Geruch der Erde, den Geschmack von Erdbeeren, Johannisbeeren und Kirschen nicht vergessen, nicht das Gefühl, Mohrrüben und Radieschen aus der Erde zu ziehen und in den Mund zu schieben, und nicht die Gartenfreiheit, kurz: das Kinder-Gartenglück. Selbst wer keinen eigenen Garten hat, wird im Alter noch davon schwärmen. Aber er wird auch die ungeliebten Pflichten nicht vergessen: Unkraut jäten, Kompost auftragen, Gießkannen schleppen.

Im Garten kann man außerdem Pflicht und Verantwortung lernen, denn wenn Erbsen und Bohnen nicht gegossen, Kartoffelkäfer nicht abgesammelt werden, ist alles hin. Eltern betrachten den Garten deshalb oft als eine fruchttragende Erziehungsanstalt. Dies galt auch für Adenauer, der selbst unter dem strikten Regiment seines Vaters, eines preußischen Leutnants a. D., aufgewachsen war.

Für die Adenauerkinder in Rhöndorf gehörte die Gartenarbeit zu den unvergessenen Pflichten. In der Hanglage war sie eine Herausforderung, später, in der Zeit der Kriegswirtschaft, bedeutete sie echte Arbeit und Verantwortung. Adenauer erteilte strenge Anweisungen. Bei der Kirschenernte galt: Naschen verboten. Beim Pflücken ist zu pfeifen. Die Kinder sollten die Kirschen nicht schon im Baum essen. Und wer nicht pfiff, verriet, dass er verbotenerweise naschte. Das war erst nach der Arbeit erlaubt, dann veranstalteten die Kinder Wettbewerbe im Kirschkernweitspucken.

Traubenernte 1948. Adenauer mit Tochter Libet und Enkelin Irene. Bis zu 40 Mal hatte er 10-Liter-Kannen den Steilhang hinaufgeschleppt, wenn Gewächse dürsteten. Für Kinder gab es 5-Liter-Kannen. Beim Nachwuchs paarte sich Gartenspaß mit Gartenfrust.

Konrad-Adenauer
10120

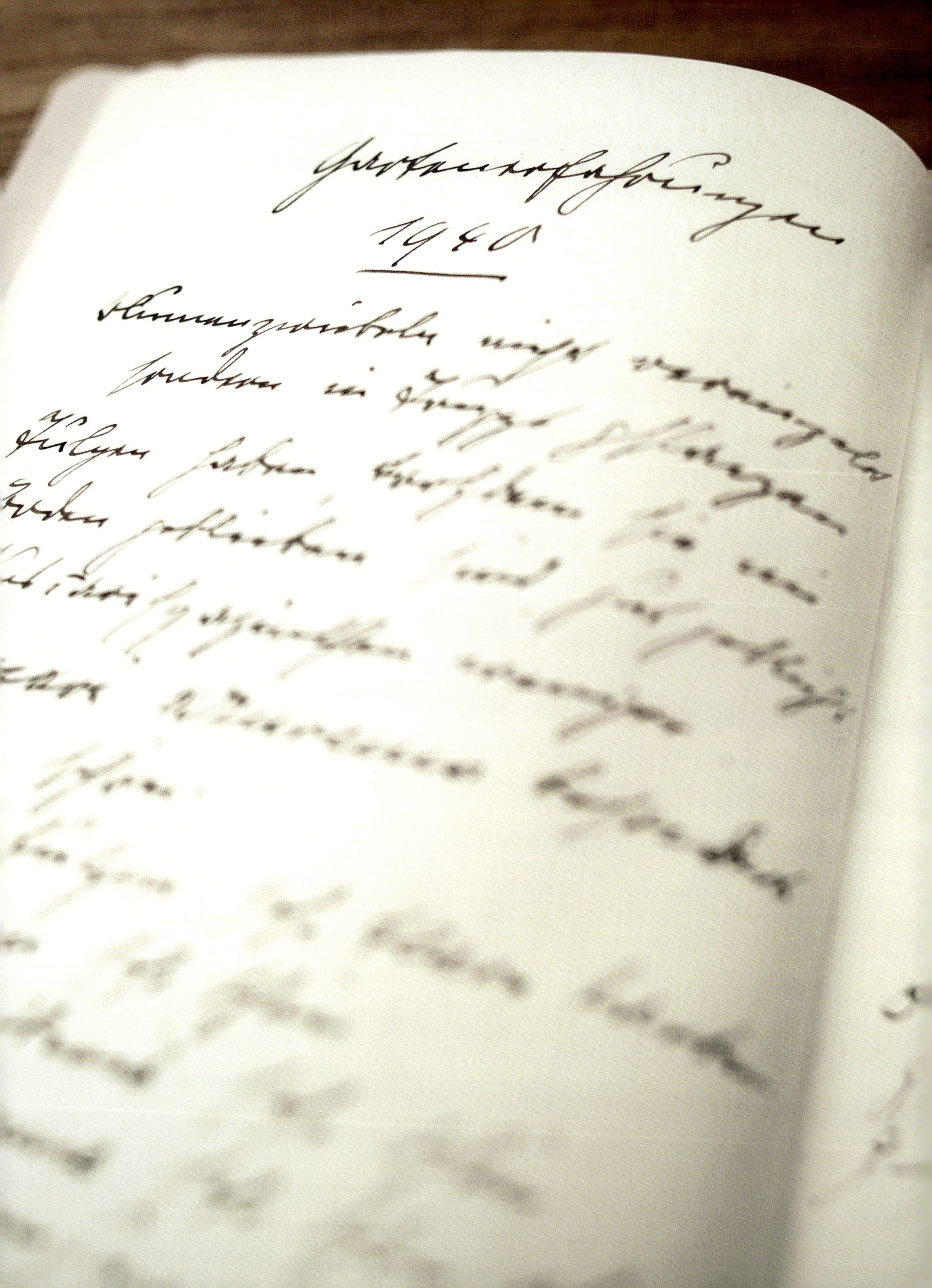
Gartenerfahrungen
1940

77 Blumenzwiebeln nicht vereinzelt, sondern in Trupps pflanzen

Kein richtiger Gärtner ohne ein Gartenbuch für Ideen, Bepflanzungs- und To-do-Listen; Misserfolge werden festgehalten, Neues wird geplant. Denn Gärtnern ist immer auch trial and error. Wie sagte Adenauer: *Erfahrungen sind wie die Samenkörner, aus denen die Klugheit emporwächst.* Und diese Erfahrungen hält man am besten fest. Adenauer machte ein gebrauchtes Schulheft zu seinem Gartenbuch, denn von Kind an war er zum Sparen angehalten worden. Er begann es im November 1937 und führte es bis ins Kriegsjahr 1942.

Garten – Zennigsweg, Besprechung mit Hr. Giesen. 13. 11. 37. [3] So beginnen Adenauers Notizen, die er mit dickem Bleistift einträgt. Das erste Blatt ist eine Aufgabenliste: *Erdbewegungen. 2 neue Plätze. [...] wie Abhang [...] wie Lücken herrichten? wie Streifen am Drahtzaun herrichten?* Es folgt eine Liste der zu pflanzenden Bäume und Büsche. Drei Jahre später nutzt er das Gartenbuch für einen Jahresrückblick:

Gartenerfahrungen 1940
Blumenzwiebeln nicht vereinzelt, sondern in Trupps pflanzen.
Tulpen haben, trotzdem sie im Boden geblieben sind, gut geblüht,
Muscarihyazinthen weniger.
Muscari azureum besonders schön.
Darwintulpen sehr klare Farben.
[...]
Fort: Aquilegia unten, Ginster am Apfelbaum, Vergißmeinnicht am Zapfhahn,
[...]
Hügel nur mit Rosen bepflanzen, ev. mit Schafgarbe.
Flachs (blau) sehr schön, sie müssen aber eine Unterpflanzung bekommen
(Blumenzwiebel? Silene schafta).
Die gelben Pflanzen unter dem nördlichen Apfelbaum werden dort zu groß, fortnehmen,
Platz schaffen für neue Sämlinge u.s.w., ev. Primeln.
[...]

An der Rosenterrasse: alle Mohnpflanzen etc. fortnehmen, Umrahmung nur grün und blau, noch 2 blaue Clematis pflanzen.
Oberste Terrasse: mehr Schatten nötig, ev. Coniferen.
[...]
In Katalog Pfitzer einige Sachen, insbesondere Enziane.
Einige der großen Nelken sind sehr hübsch, sie stehen aber zu dicht.
[...]
Erigeron charakterlose Farbe, entfernen.
Einige alte Sedum entfernen.
[...]
Türkenblutnelken entfernen.

In Adenauers Gartenbuch ist auch das ewige Lied des Gärtners niedergeschrieben – Poesie und Klagelied in einem:

Blau, blau, blau.
Gut geblüht.
Sehr hübsch.
Schön. Sehr schön.
Besonders schön.
Wunderbares Blau!

Die Farben der Blumen, nicht nur der Rosen, darauf kam es Adenauer besonders an, mussten *kräftig, charaktervoll und klar sein.* Und die Blüten mussten selbstverständlich *duften.* Und wenn nicht?

Enttäuschend.
Zu zarte Farben. Blass.
Unschön.
Schlechtes Blau.
Entfernen.
Fort.

Karl Foersters Devise „es wird durchgeblüht" war auch die Adenauers. Immer sollte sich im Garten etwas tun, immer sollte es blühen, auch im Winter. Blühlücken wurden notiert:

Die Pause ist auszufüllen.
Winterblühende Sachen pflanzen.
Zwiebeln zwischen setzen.

Und *harmonieren* musste alles in seinem Garten, nicht nur die Farben. Ordnung musste sein; kein Chaos in den Beeten. *Kleine Pflanzen vorne, große hinten.* Kein *Gedränge*:

Zu dicht. Viel zu dicht.
Nicht bewährt.
Unbefriedigend.
Vor allem zu viel!!!

Und immer, bis in sein letztes Lebensjahr, musste im Garten etwas geändert werden:

Umsetzen.
Bessere Bedingungen schaffen.
Alle Pflanzen mehr Platz.

Aber irgendwann ist eben auch die *Jeduld* eines Gärtners am Ende.

Entfernen.
Entfernen.
Fort. Fort!

Schneeglöckchen gehören zu den standorttreuen Dauerbewohnern im Garten, sie suchen sich selbst ihren Platz.

Allerdings, auch das muss man sagen, Adenauer gab Pflanzen und Bäumen eine Chance, übte sich in Geduld: *Beobachten. Prüfen.*

Und was ist eigentlich mit den Rosen? In seinem Gartenbuch erwähnt Adenauer eine *Rosenterrasse* und einen *Rosengarten.* Aber ansonsten kommen Rosen unter all den vielen Pflanzen, die er zwischen 1937 und 1942 beschreibt, kaum vor. Sie wurden erst später seine Leidenschaft, als er bereits Bundeskanzler war.

Bevor die vielen Rosen in den Rhöndorfer Garten kamen, bestellte Adenauer Stauden, Stauden, Stauden. Viele Blumen säte und zog er in seinem Gewächshaus selbst. So erreichte er, dass immer etwas blühte. Wie Foerster ging er nicht von vier, sondern von sieben Jahreszeiten aus: Vorfrühling und Frühling, Sommer und Hochsommer, Herbst, Spätherbst und Winter. Da blühten dann Christrosen, Winterjasmin und Schneeglöckchen.

85

Der Garten hat in diesem Jahr alles erleichtert

Was macht eine Gärtnerin oder ein Gärtner lieber als Gärtnern? Über den Garten reden. Adenauer war da keine Ausnahme, in vielen Briefen und Interviews ist sein Rhöndorfer Garten Thema.

Das kühle Wetter ist für den frisch angelegten Garten gut, aber man sehnt sich doch wieder nach Sonne. – Welch ein Glück, dass man die Natur, die Kunst, das Reich der Gedanken und der Seele, und Gott hat. 7. April 1938

Es war ein schwerer und harter Winter; es ist viel erfroren im Garten. Da keine Arbeiter zu haben sind, steht die Gartenarbeit des Frühlings und des Sommers wie ein Berg vor mir. Ich hatte mir auch nie träumen lassen, dass ich im Alter soviel körperliche Arbeit zu verrichten haben würde. 21. März 1940

Man sehnt sich nach dem Frühjahr und nach Tätigkeit im Garten, wahrscheinlich törichterweise; denn das Frühjahr wird ja wohl soviel Unruhe bringen, dass man sehnsüchtig der Ruhe des Winters gedenken wird. Aber hinter dieser Unruhe steht der Frieden, darauf wollen wir vertrauen. 11. Januar 1941

Ich bin froh, [...] wenn der Frühling wirklich kommt und mit ihm die Gartenarbeit, die den schweifenden Gedanken doch etwas die Zügel anlegt. 1./2. April 1942

Meine Erholung ist die Gartenarbeit, sie zerstreut am meisten, und der Garten hat in diesem Jahr besonders alles erleichtert. 22. Oktober 1942

Der Garten macht dieses Jahr bis jetzt wenig Freude, immer trocken und kalt. Alles steht sehr dürftig. 26. Mai 1944

Adenauer folgte der Devise »es wird durchgeblüht«. Er sorgte dafür, dass in jeder Jahreszeit, vom Frühjahr bis zum Winter, immer etwas blühte. Der Garten ist bis heute in jeder Jahreszeit reizvoll.

Das herrliche Wetter animiert, mit der Gartenarbeit zu beginnen. 16. März 1945

In meinem Rhöndorfer Garten finde ich nach getaner politischer Arbeit Entspannung, Ruhe und neue Kraft für kommende Aufgaben [...], und auch hier wird mir stets wieder bewusst, was die Natur uns zu lehren vermag – man muss Geduld haben, wenn man etwas erreichen will, in der Natur und in der Politik. Oktober 1963

Ein Amor aus Bronze hütet die Rosenterrasse. Flora, die Göttin des Frühlings, empfängt die Besucher am Hauseingang.

89 Kartoffeln, Bohnen, Kohl und Gemüse. Und Nelke, das Schaf

Für Adenauer begann sein Gärtnerglück am Faulen Berg, als in Deutschland Nazi-Terror herrschte, Juden verfolgt wurden und der Zweite Weltkrieg bevorstand. Am 1. September 1939 begann er mit dem Überfall auf Polen. Schon bald war er auch am Rhein spürbar, Mitte Oktober 1939 schrieb Adenauer an den Komponisten Walter Braunfels: *Wir merken allerhand vom Kriege, viel durchmarschierende Truppen, Flugzeuge, deutsche und feindliche, Flakfeuer.*

Weitsichtig begann Adenauer, seinen Garten auf Kriegswirtschaft umzustellen. Er konnte dabei auf reichlich Erfahrung aus dem Ersten Weltkrieg zurückgreifen. Damals war er als Erster Beigeordneter der Stadt Köln sozusagen der Verwaltungschef unter dem Oberbürgermeister. Zu seinen wichtigsten Aufgaben gehörte es, Vorsorge zu treffen gegen Mangel und Hunger. Historiker attestieren ihm, er habe das mit Geschick und Einfallsreichtum gemacht. Gemeinsam mit dem damaligen Kölner Gartenbaudirektor Fritz Encke verpflichtete er die Pächter der städtischen Hofgüter zu „verstärktem Gemüseanbau". Und er übergab städtischen Boden an die Bürger zur Eigenbewirtschaftung. Um die „Ernährungslage" zu verbessern, ließ er anstelle von Reis, der rar und teuer war, Graupen einlagern und verteilen. Die Kölner nannten ihn wegen des ungeliebten Korns schon bald „Graupenauer".

Mit Beginn des Zweiten Weltkriegs hieß es in Adenauers Garten: Blumenstauden und Rosen raus, Kartoffeln und Gemüse rein. Wo immer es ein halbwegs flaches Beet gab, wurde dies umgegraben und für die Selbstversorgung genutzt. Erbsen, Bohnen und Linsen, Kartoffeln und Kohl, Salat, Tomaten und Kräuter wurden angebaut, so viel es ging.

Und als Vorsorge für den Winter wurde eingemacht, was einzumachen war. Zumal im Hause Adenauer immer mehr „Mäuler gestopft werden" mussten, denn Angehörige der weitläufigen Familie waren vor den Bombardierungen der Alliierten aus den Städten geflüchtet. In einem Brief vom 21. März 1940 schreibt Adenauer:

> *Wir haben ständig Einquartierung, und wir fühlen täglich, dass wir im Kriege stehen. Auch meine Frau hat mancherlei Lasten zu tragen, ehe alle gesättigt sind. „Unser tägliches Brot gib uns heute" lernt man wieder richtig sagen.*

Der eigene Anbau war auch deshalb nützlich, weil man damit immer etwas hatte, um zu „maggeln", zu tauschen und Handwerker in Naturalien zu entlohnen.

Und woher kam die tägliche Milch? Im Ersten Weltkrieg hatte Adenauer dafür gesorgt, dass die Stadt Köln 750 Kühe zur Versorgung von Säuglingen und Kranken ankaufte. Jetzt kam „Nelke" in den Garten, ein Milchschaf. Es wurde ein schöner Stall gebaut, der noch heute wie eine kleine Almhütte oberhalb des Hauses steht, und Sohn Georg, genannt Schorsch, wurde zur Rundumbetreuung des „ökologischen Rasenmähers" verpflichtet. Er hatte zusätzliches Futter zu besorgen und Nelke täglich zu melken. Die Kinder erinnern sich mit Grausen an die Milchsuppe zum Frühstück, denn sie sei immer angebrannt gewesen. Aus der Schafswolle wurden Pullover und Socken gestrickt. Schorsch musste Nelke außerdem regelmäßig zu einem Bauern im Ort zum Decken bringen – das war zugleich natürliche „Aufklärung" und die Antwort auf die Frage, woher die Kinder kommen. Bekam Nelke Nachwuchs, wurden die „Böcklein" geschlachtet und ihr Fleisch in Gläsern eingemacht. Seltene Festessen in Notzeiten.

Auch das Obstregime war streng: Die Frauen im Haus legten in Einmachgläsern Vorräte für den Winter an. Äpfel wurden zu Mus verarbeitet, Birnen und Kirschen zu Kompott, Aprikosen zu Marmelade. Im vierten Kriegsjahr 1943 schrieb Adenauer an Walter Braunfels:

> *Hier ist das Frühjahr atembeklemmend in seiner Fülle, seiner Wärme und seiner Eile; die erste Rose blüht schon seit Tagen. [...] Die Natur ist diesmal so überreich an Schmuck und Fülle, und die Menschheit ist so zerrissen und von Vernichtungswillen erfüllt, dass einen diese entsetzliche Dissonanz tief erschüttert.*

Aber die Gartenarbeit half ihm auch, *den schweifenden Gedanken etwas Zügel anzulegen* und auf ein baldiges Kriegsende zu hoffen.

Adenauer 1949 mit seinem »ökologischen Rasenmäher«, dem Milchschaf Nelke. Die Notzeiten des Kriegs gehen zu Ende, das Wirtschaftswunder kommt, statt der Schafe kommen Hühner für das frische Morgenei in den Stall.

~~Gar~~Handgerät für Garten- und Feldbau, das auf zwei Seiten verwendbar ist d.z. daß die eine Seite harkenartig ausgebildet ist, sodaß damit Erdklumpen o. dgl. durch Schlagen od. Stoßen zerkleinert werden können.

Bisherige Geräte ~~haben~~ durch
Keil u. Stielverbindung
Festbrechen der nicht [illegible]
entsprechend der Form
ein gewisses [illegible]
erfordert ~~d. [illegible]~~

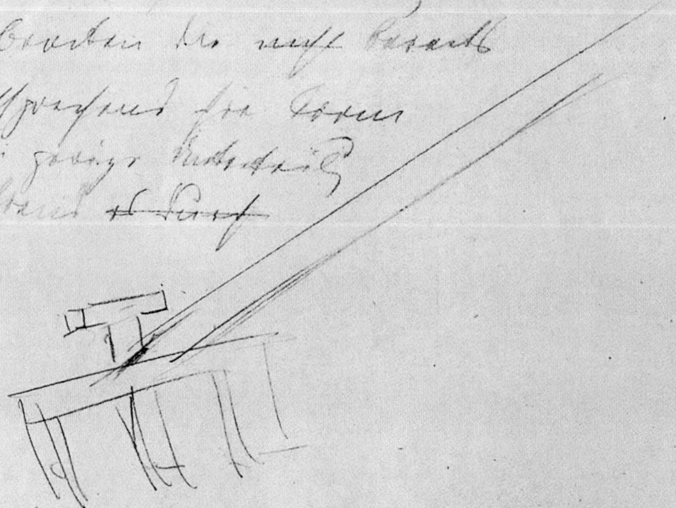

Die neuen [illegible] [illegible] sich brechen oft so leicht daß ein starker Schlag ihren [illegible] [illegible] verursacht. Bisherige Erdarbeit [illegible] daß die Arbeiter [illegible] [illegible] [illegible] [illegible] nur nach einer Seite [illegible] mit 1 Stück bzw. dem vorderen Hand [illegible] [illegible] [illegible] der [illegible] nach [illegible] [illegible] Hand auch dem [illegible] nach [illegible] [illegible] [illegible] [illegible]

95 Die Harke mit Hammerkopf

Adenauer ist als Erfinder berühmt. Und berüchtigt. Als die erste amerikanische Rakete 1966 Richtung Mond flog, soll Adenauer zu seiner Sekretärin gesagt haben, den Raketenantrieb habe er bereits 1906 erfunden. Richtig ist, dass er damals beim Kaiserlichen Patentamt einen Patentantrag für eine „Reaktionsdampfmaschine“ einreichte, für „Lokomotiven, Schiffe“ und, man staune, auch für „Luftschiffe“. Auf Dutzenden Seiten berechnete er den sensationellen Wirkungsgrad der Dampfmaschine, bis auf die siebte Stelle hinter dem Komma. Doch das Patentamt teilte dem „Hochwohlgeborenen Herrn Beigeordneten“ mit: „Die Anmeldung beruht auf einem dynamischen Irrtum.“

Für eine andere Erfindung erhielt Adenauer aber 1915 ein Patent: Für sein „Kölner Brot“, ein dem „rheinischen Roggenschwarzbrot ähnelndes Schrotbrot“ mit hohem Maisanteil. Roggen- und Weizenmehl waren während des Ersten Weltkriegs knapp, aber aus Rumänien kamen Waggons mit Mais. Gemeinsam mit den Bäckermeistern Jean und Josef Oebel erfand Adenauer ein Brot auf Maismehlbasis. Sie erhielten dafür nicht nur ein Reichspatent, das „Kölner Brot“ wurde auch in Ungarn und den Niederlanden patentiert. Die Kölner waren allerdings wenig begeistert – für sie war Mais „Hühnerfutter“.

Im Kriegsjahr 1917 machte sich Adenauer aber auch über gärtnerische Herausforderungen Gedanken. So widmete er sich der Frage, wie man Klumpen in Beeten beseitigen kann, und entwarf einen Patentantrag für ein

> *Gartenhandgerät für Garten- und Feldbau, das auf zwei Seiten verwendbar ist dergestalt, daß die eine Seite hammerartig ausgebildet ist, so daß damit Erdklumpen oder dergleichen durch Schlagen oder Klopfen zerkleinert werden können.*

Für den Prototyp ließ Adenauer auf eine Harke einen Fleischklopfer aufmontieren. Ein Nachbau ist heute im Museum des Adenauerhauses zu begutachten. Der Erfinder stellte letztlich keinen Patentantrag für seine „Harke mit Hammerkopf“. Möglicherweise war das ein Fehler. Denn ein Praxistest zeigt, dass sie ein nützliches Gerät ist, insbesonde-

1917 entwarf Adenauer einen Patentantrag für eine »Harke mit Hammerkopf«, reichte ihn jedoch nicht ein. Dabei ist sein Gerät sehr nützlich, um beim Harken der Beete Klumpen zu zerkleinern.

re für lehmige Böden. Man kann das Beet durchharken, die Harke umdrehen und mit dem Hammerkopf die Klumpen zerklopfen.

1935, als Zwangspensionär in Rhöndorf, beschäftigte er sich erneut mit Erfindungen für den Garten und entwickelte einen „Insektentöter". An Dora Pferdmenges schrieb er:

> *Ich habe hier mit meinem sehr primitiven Gerät – bei dessen Gebrauch man vorsichtig sein muß, ich weiß es – zahlreiche Versuche mit Schmeißfliegen, Bienen, großen Spinnen, Raupen, Ameiseneiern gemacht. [...] Zu der ganzen Durchführung gehören biologische, elektrische und botanische Kenntnisse. Da ich von dem allem nur sehr wenig verstehe [...], macht mir das Durchdenken und Probieren sehr viel Arbeit.*

Ein Nachbau der »Harke mit Hammerkopf« und Adenauers Prototyp der Gießkanne mit »abklappbarem Brausekopf«. Die Kinder reimten dem Großerfinder zum 70sten: »Alles musste sich der Besserung beugen, die des Vaters Hirn tat zeugen.«

Sie war jedoch skeptisch und schickte Adenauer das Exposé zurück. Auch dieses Gartengerät ist heute im Museum in Rhöndorf als Nachbau zu bestaunen: Es besteht aus einer Malerquaste mit einigen Metallstäben zwischen den Borsten, einem aufgesetzten Behälter für eine „Netzflüssigkeit" und einem Griff mit Elektrokabel und Stecker. Der Gebrauch war einfach: Man schaltete das Gerät an und streifte mit der Quaste durch Stängel, Blätter und Blüten. Der Strom sollte alles Ungeziefer töten. Sehr einleuchtend, sehr ökologisch, keine Chemie. Die AEG in Berlin testete Adenauers Insektentöter. Sie fand aber heraus, dass die Anwendung unter ungünstigen Umständen „absolut tödlich" sei – für den Gärtner.

Ein richtiger Gärtner, wie Adenauer einer war, ist nie mit seinen Geräten zufrieden und denkt sich immer etwas Neues aus. Warum braucht man immer zwei Hände, um den Gartenschlauch zu öffnen? Geht es nicht auch mit einer Hand? Adenauer ließ sich einen Prototyp bauen und meldete die Einhandbrause zum Patent an. Der Antrag wurde jedoch abgelehnt, denn Einhandbrausen gab es schon.

Auch den Fluch kennen alle Gärtner: Wo ist mal wieder der verdammte Brausekopf von der Gießkanne?! Adenauer weiß Abhilfe, er erfindet einen *siebartig durchlöcherten Klappdeckel,* der sich *mittels [...] eines Gummiringes o. dgl. einfach und sicher wasserdicht mittels eines Flansches mit dem Trichterrand verbinden lässt.* So steht es in seinem „Patentanspruch", den er im Mai 1940 an das Reichspatentamt in Berlin schickt. Trotz eines intensiven Briefwechsels mit der Behörde erhält Adenauer kein Patent. Mai 1940? War da nicht was? Es ist Krieg, da waren in Berlin eher Erfindungen von Wunderwaffen für den „Endsieg" gefragt als ein *ortsfester Brausekopf* für Gießkannen. Immerhin war Adenauers Prototyp jahrelang exklusiv in seinem Rhöndorfer Garten in Gebrauch.

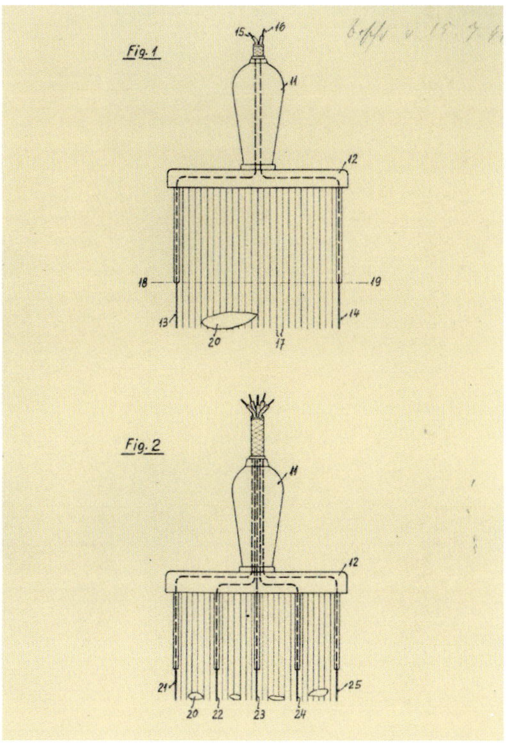

Die Patentzeichnung zum »Insektentöter«. Das Durchdenken machte sehr viel Arbeit. Doch es half nichts, das Patentamt in Berlin lehnte ab, denn das Gerät war lebensgefährlich.

Im Vorhof zum Paradies

In der Vollmondnacht vom 30. auf den 31. Mai 1942 machte ein „1000-Bomber-Angriff" der Briten die Kölner Innenstadt zu einer Ruinenlandschaft. Den Widerschein der verheerenden Brände durch das Flächenbombardement konnten die Adenauers am Fenster in Rhöndorf sehen. Wer konnte, verließ Köln. Das Haus wurde zur „Fluchtburg" für Verwandte mit einer wachsenden Kinderschar. Ob schon ausgebombt oder auf der Flucht vor Bomben – Adenauer nahm alle auf. Der Garten und der Gärtner mussten jetzt noch mehr Menschen ernähren.

Rhöndorf war noch eine Idylle, noch war die Front fern. Adenauers Schwiegertochter Lola, die dort ebenfalls Zuflucht fand und zwei ihrer Kinder zur Welt brachte, schrieb im Rückblick:

> „Herbst und Winter 1943/44 verliefen für damalige Verhältnisse ausgesprochen friedlich und beschaulich, angefüllt mit Gartenarbeit seitens Vater Konrad, Einmacherei seitens aller vorhandenen Frauen und Hamsterfahrten nach Köln von Mutter Gussie, um die hungrigen Mäuler zu stopfen."

Dank Adenauers Kriegswirtschaft im Garten konnten alle mit Kartoffeln, Sauerkraut, Gemüse, Obst und Eingemachtem „durchgefüttert" werden. Nicht zu vergessen: die Milch des Schafs Nelke und das Fleisch ihrer Böcklein. Anfang April 1942 schrieb Adenauer an Walter Braunfels: *Alles andere sehr knapp. Und trotzdem sagte mir neulich jemand, gegenüber den Verhältnissen in Berlin lebten wir in den Vorhöfen des Paradieses.*

Das sollte sich im Sommer 1944 dramatisch ändern.

Kaffeetafel im Kriegsjahr 1942: Rhöndorf ist noch eine Idylle, die Front ist fern. Dank des Gartens kann Adenauer die große Familie gut versorgen.

103 Ein Gärtner rettet Adenauer vor dem sicheren Tod

„Da stiegen in Ledermänteln diese schwarz gekleideten Geheimpolizisten die Gartentreppen hier herauf und das war so unheimlich. Massige Gestalten und herrische Gesichter. Dann nahm das Schicksal seinen Lauf."

So hat Adenauers Tochter Libet, die damals 16 Jahre alt war, die Hausdurchsuchung am 23. Juli 1944 in Erinnerung behalten. Kurz zuvor, am 20. Juli, war das Stauffenberg-Attentat auf Hitler gescheitert; nicht nur die Verschwörer, alle Hitlergegner sollten verhaftet werden. Der Plan für die „Aktion Gewitter" lag schon lange in der Schublade, jetzt wurde er umgesetzt. Am 23. August verhaftete die Gestapo Adenauer und mit ihm in ganz Deutschland Tausende Sozialdemokraten, Gewerkschafter, Liberale, Kommunisten, Mitglieder der Bayerischen Volkspartei und des Zentrums. Der Gärtner von Rhöndorf, der sich seit 1933 notgedrungen jeder politischen Betätigung enthalten hatte, zählte damit zu denjenigen, denen Konzentrationslager drohen konnte.

Adenauer wurde auf das Gelände der Kölner Messe gebracht, die 1924 auf seine Initiative hin gebaut worden war. Dort befand sich jetzt das „Messelager" der Gestapo. Doch er hatte Glück im Unglück: Der „Kapo" der Häftlinge, Eugen Zander, war ein städtischer Gärtner, der seinen Oberbürgermeister natürlich kannte. [4] Zander war Kommunist, *einer von der idealistischen Sorte*, wie Adenauer später sagte. Zander warnte seinen ehemaligen Chef, als der auf einer Transportliste ins Konzentrationslager Buchenwald stand. Dort drohte ihm der Tod. Mit Hilfe des KP-Mannes floh Adenauer aus dem Messelager Deutz; er simulierte einen Herzinfarkt, und ein befreundeter Arzt ließ ihn in ein Krankenhaus transportieren.

Dort tauchte als Retter Adenauers der Luftwaffenmajor Fritz Schliebusch in Wehrmachtsuniform auf und „verhaftete" Adenauer. „Im Auftrage des Führers", versteht sich. Unterstützt wurde er dabei von seinem Sohn, dem Obergefreiten Klaus Schliebusch. [5] Die beiden brachten Adenauer in die Nistermühle bei Hachenburg im Westerwald, wo er sich verstecken konnte.

Hitlers Gestapo kam mehrmals die Treppe zu Hausdurchsuchungen und Verhaftungen hoch. Die 58 Stufen werden nach Kriegsende bei der Weichenstellung der Bundesrepublik noch eine Rolle spielen.

Die Flucht hatte jedoch dramatische Konsequenzen. Denn umgehend wurde Adenauers Frau Gussie festgenommen und von Gestapokommissar Kurt Bethke in Köln verhört. Wo ihr Mann sei? Das müsse er doch besser wissen, sagte sie, er sei schließlich von der Wehrmacht abgeholt worden. Es half nichts. Bethke drohte, das Haus in Rhöndorf zum NS-Heim zu machen und die Kinder abholen zu lassen. Gussie Adenauer wusste, was das bedeutete. Sie musste das Versteck ihres Mannes um der Kinder willen preisgeben. Am 24. September wurde sie ins Gestapogefängnis Brauweiler bei Köln eingeliefert. Aus Verzweiflung und Scham über ihren erzwungenen Verrat, den Adenauer ihr nie vorwarf, versuchte sie dort, sich das Leben zu nehmen.

Adenauer wurde einen Tag später ebenfalls in das Gestapogefängnis in Brauweiler eingeliefert. Tag und Nacht hörte er Schreie von *Gemarterten.* Von den 67 Gefangenen, die zu seiner Zeit dort waren, sei einer erschossen worden, 27 habe man erhängt, erzählte Adenauer später. *Das war immerhin ein großer Prozentsatz.* Selbst 16-jährige Kinder seien hingerichtet worden. *Sie mußten aber, ehe sie aufgehängt wurden, ihre Hitlerjacken ausziehen; das habe ich selbst gesehen.*

Gussie Adenauer wurde nach zehn Tagen freigelassen, Konrad Adenauer nach zwei Monaten, völlig unerwartet. Für seinen Retter Zander, der selbst noch nach Buchenwald deportiert wurde, setzte sich Adenauer nach dem Krieg ein: Er wurde Gartenbauinspektor in Köln.

Aber noch war der Krieg nicht vorbei. Die Adenauers lebten in Rhöndorf auf den Tag der Befreiung hin.

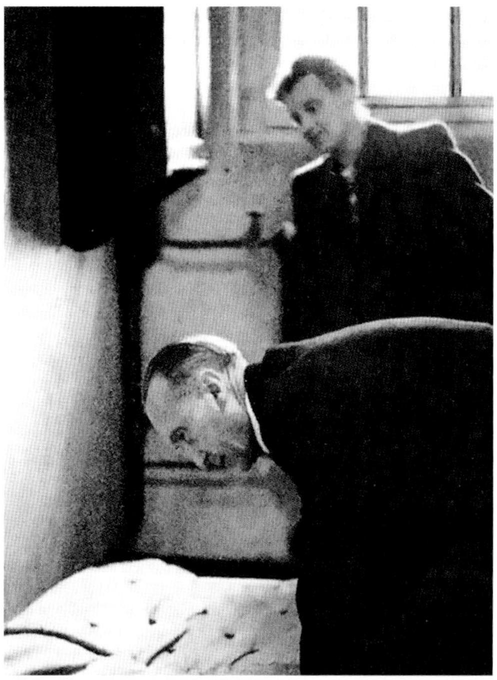

Gussie und Konrad Adenauer besichtigen nach dem Ende der Nazidiktatur noch einmal ihre Zellen im Gestapogefängnis in Brauweiler bei Köln. Es grenzt an ein Wunder, dass sie freikamen. Gussie erholte sich jedoch nicht von der Haft und starb schon 1948.

107 Der Obstkeller

Vierzehn Personen lebten Ende 1944 in dem „Frauenhaushalt“ unter dem Kommando Adenauers, später kamen noch vier französische Kriegsgefangene hinzu, die aus einem Lager in Rhöndorf geflohen waren. Jedes Zimmer im Haus war zugleich Wohn-, Schlaf- und Kinderzimmer. Es gab keinen Strom mehr. Wasser musste unten im Ort am Brunnen geholt werden. Die Frauen „wuschen“ sich mit Kölnisch Wasser, berichtete Lola Adenauer. „An die WC-Verhältnisse wagt man nicht mehr zu erinnern.“

Als am 8. März 1945 die Amerikaner begannen, Rhöndorf mit Artillerie zu beschießen, wurde der Obstkeller, den Adenauer ursprünglich als Vorratsraum angelegt hatte, lebensrettend. Wer heute im Garten hinter dem Haus genau hinschaut, kann in den Beeten versteckt Rohre sehen. Es sind Entlüftungsrohre. Adenauer hatte alles praktisch durchdacht: Er ließ den Hang an der Küche für einen Innenhof abtragen und mit einer Mauer umschließen. Von diesem Innenhof führt eine Tür zum Obstkeller, der sich als sehr nützlich erwies, als alles auf maximale Selbstversorgung ausgerichtet werden musste. Der kühle, dunkle Raum ist zweigeteilt: Hinten befindet sich ein Weinkeller, vorne ein Vorratsraum zum Lagern von Obst, Kartoffeln, Möhren; Regale bieten Platz für Weckgläser. Kurz vor Kriegsende wurde der Obstkeller zum „Luftschutzkeller“.

Adenauer beorderte alle in den 20-Quadratmeter-Bunker. Da wurde es dann eng, sehr eng. Der damals jüngste Enkel Konrad, der im Januar 1945 zur Welt gekommen war, lag in einem Körbchen, das von der Decke hing. Die vier Kriegsgefangenen krochen in die Kartoffelkiste. Wer sich der Enge entziehen wollte, schlief trotz Fliegeralarms im Haus, was nicht ungefährlich war. Nachts musste es wegen der Bombardierungen verdunkelt sein, das wurde strengstens kontrolliert.

Nur etwa zehn Kilometer flussaufwärts stand damals die heute weltberühmte Brücke von Remagen, die für General Dwight D. Eisenhower ein wichtiger Rheinübergang auf dem Weg nach Berlin war.

Haus und Garten Adenauers lagen exponiert am Hang und waren damit ein gutes Ziel für die amerikanische Artillerie auf der anderen Rheinseite. Vom „Feldherrenhügel“ aus, dem obersten Punkt im Garten, beobachtete Adenauer mit dem Fernglas die Truppenbewegungen der von der Familie ersehnten Befreier – in der Hoffnung, sie würden bald in Rhöndorf einmarschieren. Doch um Rhöndorf herum gab es noch fanatischen Widerstand von Wehrmachtseinheiten. Die US-Armee ließ sich Zeit, führte erst einmal Nachschub heran und schoss über den Rhein hinweg ins „Naziland". Auch der Mann im Garten wurde ins Visier genommen. War er ein Artilleriebeobachter vom „Volkssturm", von Hitlers letztem Aufgebot?

Adenauer, ein Zivilist durch und durch, rühmte sich, anfliegende Granaten sehen und hören zu können. *Mr. Zisch* nannten die Kinder die Geschosse wegen ihres Geräuschs. Zwölf Granaten der Amerikaner schlugen ein, Haus und Dach wurden getroffen, Bäume im Garten gefällt. Nicht weiter schlimm.

Aber drei Granaten waren nicht ohne. Vor der ersten wirft sich der „Artilleriebeobachter" Adenauer im Garten zu Boden, sie explodiert zwölf Meter entfernt, Splitter fliegen über ihn hinweg. Er weiß, eine Granate kommt selten allein, aller guten Dinge sind drei. Sich nur ja nicht rühren! Die nächste Granate schlägt in sieben Meter Entfernung ein, die obligate dritte und letzte geht fünf Meter vor ihm hoch. *Danach rannte ich ins Haus zurück.* Ein Granatsplitter, der im Gartenboden gefunden wurde, ist heute Ausstellungsstück im Museum.

Eine Woche verbrachte die Familie im „Luftschutzkeller", bis die Beschießungen aufhörten und die Amerikaner endlich in Rhöndorf einrückten. Was Adenauer damals noch nicht wissen konnte: Er war auf der „White List" der Amerikaner an führender Stelle für den demokratischen Neustart in Köln vorgesehen. Aber noch drohte Gefahr, von fanatischen Nazis liquidiert zu werden. Noch war nicht ausgemacht, wer zuerst die 58 Stufen heraufkommen würde.

113

Gartenbesuch im Jeep

Am 14. März 1945 sind es die von der Familie sehnlichst erwarteten amerikanischen Befreier, die die Treppe heraufkommen. Tochter Libet, die etwas Englisch kann, empfängt die GIs: „We are no Nazis." Einer der Amerikaner antwortet in gutem Deutsch: „Oh, das sagen hier alle."

Zwei Tage später – *Das herrliche Wetter animiert, mit der Bestellung des Gartens zu beginnen* – hält ein amerikanischer Jeep im Zennigsweg, zwei Offiziere stiegen die 58 Stufen zu Adenauer hinauf. Sie sollen ihn im Auftrag des amerikanischen Militärgouverneurs von Köln, Lieutenant Colonel Patterson, in sein Amt als Oberbürgermeister von Köln zurückholen. Adenauer lehnt ab; seine Frau Gussie sagt, drei Söhne stünden im Feld, wahrscheinlich seien Repressalien zu befürchten, falls der „Oberbürgermeister", als den nicht nur sie ihn nach wie vor betrachtet, annehme. Denn noch wird in Deutschland für den „Endsieg" gekämpft.

Die Gefahr für die Söhne ist jedoch nur einer der Gründe, warum das ehrenvolle Angebot abgelehnt wird. Adenauer sagt in diesem Gespräch noch einen, wie sein Biograf Werner Biermann es formuliert hat, „erstaunlichen, ungeheuren und zugleich maßlos erscheinenden Satz": *Er fühle sich vor allem dazu ausersehen, das deutsche Volk von Grund auf zum Frieden zu erziehen.* Und zur Demokratie wird er später ergänzen. Nicht mehr, nicht weniger.

Dies sagt er auch Patterson selbst, als er nach Köln geholt wird, in sein Köln, aus dem er 1933 ausgewiesen worden war. Was Adenauer dort sieht, ist die Apokalypse. *Ich habe es gar nicht wiedererkannt, und ich hatte Mühe mich darin zurechtzufinden. Mein Lebenswerk gehörte Köln. Das ist nun zerstört.* Aber da bei Adenauer – Rheinländer hin, Rheinländer her – preußische Pflichterfüllung an erster Stelle steht, ist er am 4. Mai 1945 wieder Kölner Oberbürgermeister.

Doch er blieb es nicht lange. Als die Briten im Juni die Amerikaner ablösten und die nördliche Rheinprovinz in ihre Besatzungszone überging, verschlechterte sich die Zusammenarbeit. Am 6. Oktober 1945 entließ der Militärbefehlshaber der Provinz Nordrhein, der britische Brigadegeneral John Barraclough, Adenauer fristlos wegen „Unfähigkeit"

und verbot ihm – wie schon die Nazis – jegliche politische Betätigung und den Aufenthalt in Köln. Über die politischen Hintergründe darf spekuliert werden. Der Winter nahte, es fehlte Heizmaterial, die Briten verfügten großflächige Abholzungen im Grüngürtel. Werner Biermann nimmt an, dass Barraclough „in Adenauer einfach nur einen aufmüpfigen Verwaltungsbeamten sah, der die Bäume in seinem verdammten *Grüngürtel* nicht opfern wollte und stattdessen für Köln Kohle verlangte, die von den Besatzungsmächten außer Landes gebracht wurde".

Nach diesem zweiten Rauswurf aus dem Kölner Rathaus hatte Adenauer nun erneut Zeit für seinen Garten, er konnte die Kriegswirtschaft beenden und ihn wieder zum Blühen bringen. Aber Rosen, so beklagte er, habe er fast keine mehr im Garten. Das wird er jetzt ändern.

Von heute aus betrachtet, ist es ein Glücksfall für die Bundesrepublik, dass ihn die Briten feuerten. Denn nun stürzt er sich in die große Politik. In seinem Haus und in seinem Garten wird später dafür eine Weiche gestellt, für Deutschland und Europa.

Im Frühjahr 1945 besucht der amerikanische Militärgouverneur von Köln, Lieutenant Colonel Patterson (Dritter von rechts), die Familie Adenauer, Gartenrundgang inklusive. Er holt Adenauer zurück nach Köln, der fühlt sich aber zu mehr als nur zum Kölner Oberbürgermeister berufen.

121 Es ist immer Zeit für einen neuen Anfang

Adenauer liebte den Garten im Winter nicht, vor allem nicht bei Schnee. Er sei dann mit einem *Leichentuch* zugedeckt. Doch hat der Garten im Winter seinen eigenen Zauber, wenn Raureif auf ihm liegt und Eis welke Blätter und letzte Rosenblüten kristallin überzieht. Und hatte nicht Adenauer selbst sein Großprojekt Kölner Grüngürtel damit begründet, die Menschen müssten *das Wachsen, Blühen und Welken* der Natur sehen?

In seinem 70-jährigen Leben hatte er alles erfahren: das Kaiserreich, den Ersten Weltkrieg, die Novemberrevolution, das Scheitern der Weimarer Republik, den Nationalsozialismus, den Zweiten Weltkrieg. Und was sollte jetzt kommen? *Es ist immer Zeit für einen neuen Anfang.* Oder als Gärtner gesprochen: Nach dem Winter kommt der Frühling.

„Unendlich mehr hat man vom Leben
kann man einen Garten pflegen.
[...]
Die Rosen nach hier, die Tulpen nach dort.
Die Dahlien lassen wir lieber ganz fort.
So tönen oft des Herrn Befehle
zu der jeweils bediensteten Gärtnerseele."

Das hatten Adenauers Kinder ihm zu seinem 70. Geburtstag am 5. Januar 1946 gereimt. Der Krieg war zu Ende, Deutschland hatte kapituliert. Das Milchschaf wurde abgeschafft, in den Schafstall kamen Hühner für das *frische Morgenei*. Der Garten wurde auf Friedens-

Adenauer mit Strohhut und Gartengeräten in seinem blühenden Garten mit Blick auf den Drachenfels. Zeichnung zum 70. Geburtstag des Patriarchen.

wirtschaft umgestellt, und auch Gärtner konnten wieder beschäftigt werden. Der Gärtner Theo Blume bekam 50 DM im Monat und war ordnungsgemäß bei der Berufsgenossenschaft der Gärtner angemeldet. Bei einem vereinbarten Stundenlohn von 1,50 DM arbeitete er 33 Stunden im Monat, das ist nicht viel für einen so großen Garten. Adenauer packte deshalb auch selbst an. Als Blume Ende 1948 ging, kam ein neuer Gärtner. Dem musste Adenauer aber schreiben:

Ich verkenne nicht, daß der Garten zuerst recht in Unstand war, aber ich muß mir auf der anderen Seite sagen, daß namentlich in den letzten Monaten der Zustand des Gartens nicht so ist, daß er die Ausgabe eines solchen Betrages rechtfertigt.

Der Gärtner hatte eine Gesamtrechnung über 1.197 DM gestellt. Und Adenauer fragte:

Und der Erfolg?
Vor allem aber bin ich mit Rücksicht auf mein Einkommen durchaus nicht in der Lage, solche Beträge für einen Garten aufzuwenden. Bitte, überlegen Sie daher, wie man die Pflege des Gartens billiger gestalten kann.

Adenauers Kompromissvorschlag: Für die *grobe Arbeit* will er sich einen preiswerteren Gärtner suchen. *Und Sie tun dann gelegentlich das Bessere.*

Für die grobe Arbeit wurde später auch Resi Schlief in Anspruch genommen, Adenauers Haushälterin in den Jahren 1961 bis 1967. Obwohl sie im Haus mit Arbeit überlastet war, sollte sie auch noch die Rosenbeete durchharken. Sie war „erschüttert und verzweifelt", harkte dann aber doch die Beete und fegte die Wege. Einer von Adenauers bekannten Sprüchen lautete: *Seinse nich so pingelich.* Aber im Haus und im Garten war er das über alle Maßen. Kein Wunder, dass es ein Kommen und Gehen des Personals gab. Nur Resi Schlief blieb.

»Füße abtreten!« Adenauer dachte einfach an alles. Die Haushälterin, das »Fräulein Schlief«, wird es ihm gedankt haben.

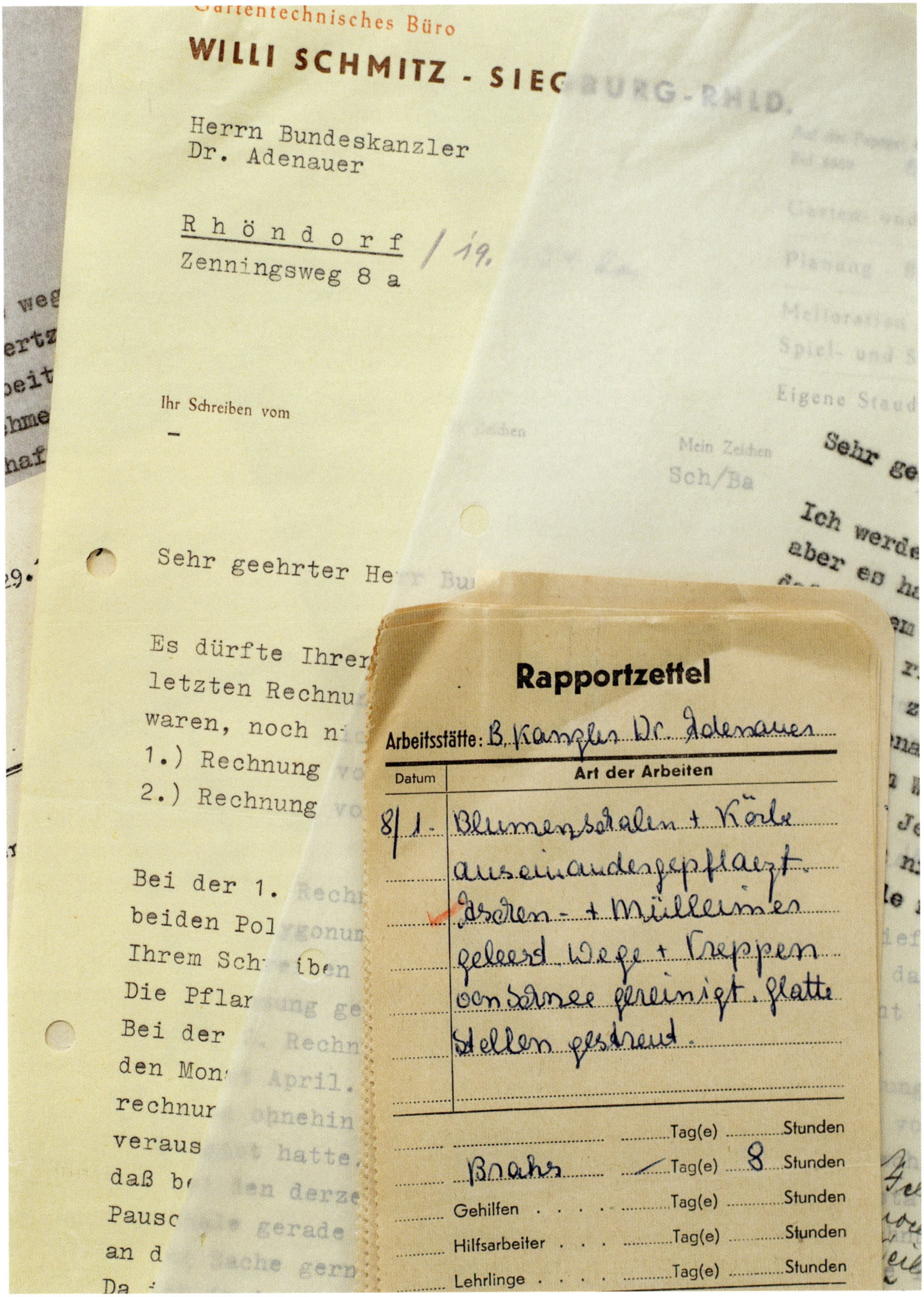
WILLI SCHMITZ - SIEGBURG-RHLD.
Herrn Bundeskanzler
Dr. Adenauer
Rhöndorf
Zenningsweg 8 a
Ihr Schreiben vom
Mein Zeichen
Sch/Ba
Sehr geehrter He
Es dürfte Ihrer
letzten Rechnu
waren, noch ni
1.) Rechnung
2.) Rechnung
Rapportzettel
Arbeitsstätte: B. Kanzler Dr. Adenauer
Datum
Art der Arbeiten
8/1. Blumenschalen + Körbe
auseinandergepflanzt.
Besen- + Mülleimer
geleert Wege + Treppen
von Schnee gereinigt, glatte
Stellen gestreut.
Tag(e)
Stunden
Brahs
8
Gehilfen
Hilfsarbeiter
Lehrlinge

125 Gärtner führen keine Kriege

„Gärtner führen keine Kriege“, lautete vor einigen Jahren der Titel einer Ausstellung über historische Gärten. Aber man sollte sich nichts vormachen, auch im Garten wird Krieg geführt – gegen Blattläuse, Rosentriebbohrer und Rosenrost, gegen Mehltau und invasive Unkräuter wie Giersch und Fünffingerkraut. Doch gibt es nicht nur pflanzliche und tierische Gegner. Ein Gärtner muss auch damit rechnen, Kriege über den Gartenzaum hinweg gegen Nachbarn zu führen. Sei es, weil er angegriffen wird, sei es, weil ihn etwas nebenan stört.

Links von Adenauers Garten gab es eine Streuobstwiese mit einem Bienenhaus. Die nützlichen Honigsammlerinnen auf dem Nachbargrundstück bestäubten auch Adenauers Obstbäume. Doch im Juli 1946 schrieb Adenauer dem Nachbarn:

> *Seit gestern schwärmen Ihre Bienen wieder derartig über unser Grundstück und unser Haus herum, daß wir weder im Garten arbeiten noch den Weg zum Hause benutzen können. Gestern haben meine Angehörigen sich nicht aus dem Hause wagen können. Die Fenster mußten geschlossen werden vor den angriffslustigen Tieren. Ich habe Sie wiederholt schon gebeten, dafür zu sorgen, daß sich diese Dinge nicht wiederholen, ohne daß Sie bis jetzt darauf reagiert haben. Ich fordere Sie nunmehr auf, binnen 3 Tagen mir zu erklären, daß Sie den angriffslustigen Bienenschwarm, um den es sich hier handelt, entfernt haben. Ich werde sonst polizeiliche Hilfe gegen Sie in Anspruch nehmen. Hochachtend!* (Adenauer)

Das Problem erledigte sich einige Jahre später. Nachdem Adenauer 1949 Bundeskanzler geworden war, wurde auf dem Grundstück für seinen Begleitschutz die Polizei-Sonderwache-Rhöndorf gebaut. Das Bienenhaus verschwand.

Auf der anderen Seite seines Anwesens störte ihn beim Blick aus seinem Arbeitszimmer nicht nur das Haus eines Kölner Fabrikanten. Anstoß nahm er auch an dem Dach. An die Gattin des Nachbarn schrieb er im Mai 1953:

Adenauer

Der rote Anstrich Ihres Daches ist leider nicht, wie ich gehofft, im Winter verblaßt. Von meinem Hause aus betrachtet sieht er sehr wenig schön aus. Er ist so stark rot, daß in meinem Arbeitszimmer der Widerschein die Farben der in meinem Zimmer hängenden Bilder beeinträchtigt. Ich wäre Ihnen sehr dankbar, wenn Sie mir gestatten würden, wenigstens die nach mir gerichtete Wand des Daches anders streichen zu lassen durch den Anstreicher Mertgen, Rhöndorf. Wenn Sie einverstanden sind, würde er mit Ihnen besprechen, wann er kommen kann.

Die angeschriebene Sofie Kopera erwiderte nur lapidar, ob er denn seine Bilder nicht anders hängen könne? Konnte Adenauer, wollte er aber nicht. Er zahle doch den Maler, und *etwa vorhandene Schäden* könne der Dachdecker *sofort mit beseitigen*, alles auf seine Kosten.

Frieden. Sie willigte ein. So wurde friedlich beigelegt, was zum Nachbarschaftskrieg hätte werden können. „Wandel durch Annäherung" wurde das in der Nach-Adenauerära genannt.

Dramatischer wurde der Krieg um eine geplante Seilbahn von Rhöndorf zum Drachenfels, die Touristen anziehen sollte. Adenauer wollte jedoch auf keinen Fall, dass die am Faulen Berg vorbeigondeln würden. Ausgerechnet ein CDU-Mitglied, der Bäcker und Konditor Peter Profittlich, gehörte 1953 zu den Initiatoren.

Der Bundeskanzler drohte dem „Parteifreund" mit Ausschluss aus der CDU. Profittlich bat daraufhin Adenauers Sohn Schorsch, seinem Vater auszurichten, er „sei ein Arschloch". Gebaut wurde die Seilbahn nicht, die Initiatoren ließen das Projekt, warum auch immer, einschlafen.

In den 1950er-Jahren ist das Anwesen Adenauers ein beliebtes Postkartenmotiv und Touristenziel.

131 Es gibt nur einen Adenauer

Im Oktober 1948 kommt ein junger Mann zu Besuch ins „zweistöckige gelbe Landhaus am Fuße des zahnradbahn- und eselsritt-umwobenen Drachenfels", wie er schreibt. Dreißig Minuten hatte Adenauer, der kurz zuvor zum Präsidenten des Parlamentarischen Rats gewählt worden war, dem Herausgeber des *Spiegel,* Rudolf Augstein, für ein Gespräch eingeräumt. Es werden drei Stunden. Und dann macht der Fotograf Max Ehlert noch Aufnahmen von Adenauer im Garten. Ein Bummel im Garten sei oft seine einzige Erholung, verrät der 72-jährige CDU-Politiker Augstein.

„Es gibt nur einen Adenauer", steht über der Titelstory des Nachrichtenmagazins. Wenn, dann sei ja wohl Adenauer berufen, der kommende Mann der Bundesrepublik zu

»So siehst Du aus. Rheinischer Gartenfreund Konrad Adenauer«, titelte Der Spiegel im Oktober 1948. Seine Gartenerfahrungen nutzte Adenauer im Bonner Politikbetrieb.

werden, befindet Augstein. Da sind sich beide einig. Noch. Der Text über Adenauer ist mit Sympathie geschrieben. „Nach Westen suchte er von jeher Brücken zu schlagen. [...] Deutsche und Franzosen werden immer nebeneinander leben müssen", heißt es darin. „Es sei doch sehr viel wichtiger, dem Arbeiter durch gesunde Wohnungspolitik ein Heim und einen Garten zu geben, als zu sozialisieren", zitiert Augstein Adenauer. Die „vorläufig höchste Staatsperson über 47 Millionen Westdeutsche" sei allerdings ein „Starrkopf". Ein ehemaliger enger Mitarbeiter erzählt Augstein, als Kölner Oberbürgermeister sei Adenauer ein „absoluter Autokrat" gewesen. Und Sohn Paul verrät, trotz seiner Überlastung versuche der Vater, die wenige Monate zuvor verstorbene Mutter Gussie zu ersetzen: „Er gibt an, ob im Garten ein Rosenstock umgesetzt werden soll und ob meine Schwester Libet Kuchen backen darf." In der Familie herrsche „nicht das demokratische Prinzip des Staates, sondern das diktatorische, wie es sich für eine Familie ziemt". Nicht nur in Adenauers Familie war das damals gottgegeben.

Adenauer habe die beste Aussicht, „Staatspräsident des neuen amerikanisch inspirierten westdeutschen Staates zu werden", schrieb Augstein im Oktober 1948 und behielt recht: Knapp ein Jahr später wurde Adenauer zum ersten Bundeskanzler der Bundesrepublik Deutschland gewählt. In den folgenden vierzehn Jahren seiner Kanzlerschaft entwickelte sich zwischen dem *Spiegel* und ihm eine tiefe politische Feindschaft – auch wenn Augstein später in seinem Nachruf auf Adenauer dem machiavellischen „Principe" zugestand, „in großen Dingen reicht es, sie gewollt zu haben". Augstein und sein „Sturmgeschütz der Demokratie" konnten damals noch nicht wissen, dass nicht nur Adenauers Vision eines Vereinten Europas Realität werden würde, sondern auch die Wiedervereinigung Deutschlands, die Adenauer um der Freiheit willen aufgeschoben hatte.

135 Ich habe fast kein Interesse mehr am Garten

Im Februar 1949 schreibt Adenauer seiner Gartenfreundin Dora Pferdmenges:

> *Herzlichen Dank für Ihr freundliches Anerbieten hinsichtlich der Rosen. Ich hatte keine mehr, ich habe aber im Herbst durch einen Gärtner einige pflanzen lassen. Welche Sorten er gepflanzt hat, weiß ich nicht. Ich habe fast kein Interesse mehr am Garten, eine erstaunliche und wenig erfreuliche Veränderung!*

Adenauers Interesse am Garten schwand, denn er fand sich verurteilt, *eine maßgebende Rolle zu spielen,* wie es in dem Brief heißt. *Aber es bleibt einem keine Wahl: Man muß den Platz auszufüllen versuchen, auf den man gestellt ist. Aber beneidenswert ist der Mensch, der ein persönliches Leben führen kann.*

Anfang 1949 war Adenauer nicht nur Parteivorsitzender der CDU in der britischen Zone, sondern auch CDU-Fraktionsvorsitzender im Landtag von Nordrhein-Westfalen. Und als Präsident des Parlamentarischen Rats unterzeichnete er am 23. Mai 1949 schwungvoll das Grundgesetz der Bundesrepublik Deutschland.

Das Interesse für den Garten kam wieder. Und ihm fiel immer etwas Neues ein, *die Beseitigung alter Sünden* und Änderungen. Mit Diplom-Garteninspektor Otto Berns besprach er alles. [6] Berns beauftragte und überwachte Firmen und Gärtner, Adenauer bezahlte sie – jedenfalls dann, wenn er mit deren Arbeit zufrieden war. In einem Schreiben

Der elegante Herr mit Fliege ist der Diplom-Garteninspektor Otto Berns. Der Leiter des Bad Godesberger Gartenbauamtes kam zur »Aushilfe« nach Rhöndorf und beriet Adenauer. Seiner Sekretärin diktierte Adenauer dann seitenweise, was wie zu machen war.

an Berns bemängelte er die *bedenkliche Qualität und Haltbarkeit* der neuen Trockensteinmauern, die *am Zusammenbrechen sind. Der Frost ist immer der beste Prüfstein.* Eine Honnefer Gartenbaufirma war dafür verantwortlich. Auch für die Rechnungen:

> *Ich bin geradezu entsetzt über die Höhe dieser Kosten. Das kann doch nicht mit rechten Dingen zugehen. [...] Ich bitte daher um sehr sorgfältige und strenge Prüfung [...] Es haben Änderungen stattgefunden. Das ist richtig. [...] Aber ich bin doch geradezu erschüttert über diese Steigerung.*
> *Mit freundlichen Grüßen* (Adenauer)

Und handschriftlich fügte er noch hinzu: *Jede weitere Abschlagzahlung könnte, falls es zu einem Prozeß kommt, gegen mich ausgelegt werden.*

139

58 Stufen zur Kanzlerschaft

Am 21. August 1949 fahren dicke Wagen am Zennigsweg vor. Ihnen entsteigen rund zwei Dutzend Christdemokraten, darunter Hermann Pünder aus der Seilschaft Adenauers als Kölner Oberbürgermeister und Ludwig Erhard, der kommende Mann der Sozialen Marktwirtschaft und des Mottos „Wohlstand für Alle". Der jüngste in der Runde ist der Generalsekretär der CSU, Franz Josef Strauß.

Obwohl Katholik, war es ganz im Sinne Adenauers, dass seit Juni 1945 vielerorts in den Westzonen eine **überkonfessionelle** christliche Partei gegründet wurde, die CDU, und in Bayern ihr Pendant, die CSU. Bei der ersten Bundestagswahl am 14. August 1949 war die Union mit 31 Prozent stärkste Kraft geworden. Da gab es Wichtiges zu besprechen: Wen sollte man im Bundestag als Kanzlerkandidaten präsentieren? Es bestanden Zweifel am 73-jährigen Adenauer, von dem man nicht wusste, wann er umkippen würde. Doch „Adenauer fand nur einen fähig für das Amt: Konrad Adenauer". So hat es Werner Biermann in seiner Biografie auf den Punkt gebracht. Um dies klarzustellen, lud Adenauer eine Woche nach der Bundestagswahl ganz privat und inoffiziell zu einer „Kaffeetafel" nach Rhöndorf.

Adenauer will eine Große Koalition mit der SPD verhindern und ihre Befürworter in der CDU von einer Koalition mit der FDP überzeugen. Dies ist jedoch schwieriger als erwartet. Angesichts der großen Herausforderungen, vor denen die Bundesrepublik stehe, bedürfe es der Anstrengung aller demokratischen Parteien, heißt es in der Runde. Adenauer hält dagegen. An der Wirtschaftspolitik der Sozialen Marktwirtschaft könne man nichts ändern, und man könne *Professor Erhard unter keinen Umständen fallen lassen.* Erhard erklärt, es sei ihm „völlig unmöglich, in der Praxis mit der SPD zu gehen". Es geht hin und her.

Als es brenzlig wird, ruft Adenauer zu Tisch. *Meine Herren, es ist angerichtet.* Wie sagte schon Napoleon: „Gebt mir gute Köche, dann mache ich gute Verträge." Adenauers Taktik besteht darin, für das Wohlbefinden der Teilnehmer zu sorgen. Er hat Blumen aus dem Garten auf die Tische stellen und für Ludwig Erhard Brasilzigarren besorgen lassen. Es gibt Kuchen aus „guter Butter“ von Konditor Profittlich. Aus dem Keller holt Adenauer ausgesuchte Weine, über die Franz Josef Strauß später schreiben wird: „Weine, wie ich sie noch nie getrunken hatte.“ Und zum Abschluss gibt es besten französischen Cognac.

Wozu hat man einen so schönen Garten vor der Haustür? Für Verdauungsspaziergänge und um zu *klüngeln*, wie das in Köln heißt. Mit diesem und jenem dreht Adenauer eine kleine Runde. Und dann folgt die alles entscheidende Frage, weshalb er überhaupt nach Rhöndorf eingeladen hat: Wer soll es machen, wer soll Kanzler werden?

Hat er sich selbst vorgeschlagen? Es wäre nicht das erste und nicht das letzte Mal gewesen. Den einen oder anderen mag es wie einen Schlag getroffen haben, aber ehe jemand sagen kann, was alle denken, sagt Adenauer: *Ich habe mit [...] meinem Arzt gesprochen, ob ich [...] dieses Amt wenigstens noch für ein Jahr übernehmen könne. [...] Er meint, auch für zwei Jahre könne ich das Amt ausführen.*

Was treibt den Mann an mit seinen 73 Jahren? Bleibt der nicht besser in seinem Garten? Kann er nicht mal die Jüngeren ranlassen? Packt ihn der Ehrgeiz? Will er es noch einmal wissen?

Als Adenauer in seinem Exil in Maria Laach Karl Foersters Buch *Garten als Zauberschlüssel* las, hatte er kein praktisches Gartenwissen angestrichen, sondern etwas ganz anderes:

> „Das Gute bricht sich aber keineswegs selber Bahn, sondern muss fortwährend neue Mittel suchen, ihm Bahn zu brechen und darf sich in keiner Weise auf die automatische Weltverbreitung guter und bester Dinge durch ihren eigenen Wert verlassen.“

Etwas gedrechselt formuliert, war es das wohl, was Adenauer nach der Nazidiktatur umtrieb: „dem Guten Bahn brechen“, beziehungsweise dem, was er für gut hielt. Noch ist er nicht Kanzler, sondern nur Kanzlerkandidat. Und erst einmal gehen alle, die zu Adenauers „Rhöndorfer Konferenz“ gekommen sind, durch den sommerlichen Garten wieder die Stufen hinunter, manche zu zweit, mancher allein, mancher ärgerlich, mancher hoffnungsvoll. Oben auf der Treppe steht Adenauer, schaut ihnen nach und ist sehr zufrieden mit sich. Erhard wird warten müssen, bis der „Alte“ gezwungen wird abzutreten und er ihn als Interimskanzler für drei Jahre beerben kann. Nach ihm, 1966, kommt die Große Koalition mit der SPD dann doch, die Adenauer nun befürwortet.

145 Der Kanzlergarten

Homestories nannte man es damals noch nicht. Aber Adenauer wusste um ihren politischen Nutzen und ließ es sich gefallen. So machte Georg Munker, der „Porträtist der Bonner Republik", Aufnahmen von Adenauer, die ihn als Gärtner zeigen. Die Fotos sind jedoch ganz offensichtlich gestellt, und man ahnt, dass der Fotograf ihm wohl Regieanweisungen erteilte. So könnte es gewesen sein:

Munker:

Ihren Gartenhut, Herr Dr. Adenauer, können Sie sich den mal bringen lassen.

...

Und jetzt krempeln Sie sich bitte mal die Ärmel hoch.

Klick.

Munker:

Gut.
Und, könnten Sie bitte noch die Krawatte ablegen?
Ich meine, als Gärtner ...

Danke.

Und wenn Sie jetzt noch so tun könnten, als würden Sie von der Gartenarbeit schwitzen.

[Er macht es ihm vor]

Und die Hand, stemmen sie die mal in die Seite, so.
Ja. So. Gut.

Klick.

Das war offensichtlich zum Warmmachen, überzeugte Munker aber noch nicht so recht. Ein Gärtner muss gärtnern. Und dann gingen sie in den Garten. Adenauer nahm eine Harke zur Hand, und:

Klick.

Munker:
Sehr schön, Herr Dr. Adenauer. Nehmen wir.

Aber wie konnte Munker das nur übersehen? Die Armbanduhr. Trägt ein Gärtner ein so teures Stück bei der Arbeit? Adenauer schon. Auch als Spitzenpolitiker blieb er der Obergärtner seines Rhöndorfer Gartens, der Head Gardener, wie Engländer den Chef eines Gartens nennen. Für die Arbeit gab es ja Gärtner und fürs Grobe Gehilfen.

Am 15. September 1949 wurde Adenauer mit einer Stimme Mehrheit zum ersten Kanzler der Bundesrepublik Deutschland gewählt. Auf Haus und Garten in Rhöndorf schaute jetzt ganz Westdeutschland und bald die ganze Welt. Da musste sich etwas tun. Adenauer beschwerte sich bei der Stadt Honnef über den Zustand des Zennigswegs. Der Hohe Kommissar der US-Regierung John McCloy wäre beinahe ausgerutscht, hätte man ihn nicht gehalten. Und überhaupt hätten die Hohen Kommissare gesagt, *wie merkwürdig sie es fänden, daß meine Umgebung derart vernachlässigt würde,* schrieb er am 25. September 1950. Da tobte gerade der Koreakrieg. Und viele fürchteten den Beginn des Dritten Weltkriegs.

Nicht nur die Wege am Haus sollten jetzt verbessert werden, auch die Sicherheit des Bundeskanzlers musste gewährleistet sein. Auf dem Grundstück mit den lästigen Bienenstöcken wurde ein Haus für die Polizei-Sonderwache-Rhöndorf gebaut, das noch heute am historischen Aufgang steht. Es war das Quartier von dreizehn Polizisten, die im Schichtdienst rund um die Uhr Wache schoben. Sie kontrollierten den Eingang und patrouillierten mit Hunden um das Grundstück. Drei kleine Wachhäuschen dienten bei Regen und Kälte als Unterstand.

So wurde der Garten der am besten bewachte der Republik. Doch war er nicht abgeschottet wie in Wandlitz in der „sowjetisch besetzten Zone", wie die DDR damals gerne genannt wurde, wo Walter Ulbricht und Genossen ihre Villen hatten. Die vielen Postkartenmotive vom „Wohnhaus des Bundeskanzlers Dr. Adenauer" und vom „Rosenhügel" zeugen davon, dass zunehmend Adenauer-Pilger und Touristen bis an den Zaun kamen. Nicht immer war der Auftrieb erfreulich. Als ein Gärtner Adenauer vorschlug, als Sichtschutz schnell wachsende Pappeln am Zaun zu pflanzen, aber zu bedenken gab, die bräuchten fünfzehn Jahre, sagte Adenauer nur: *Na und ...?* Da war er über 80. Aber er tat gut daran, die Pappeln nicht pflanzen zu lassen. Wie sähe der Garten dann aus.

Adenauer hat ständig Ideen, was man im Garten noch ändern könnte, und erteilt Gärtnern und Gartenbaufirmen Anweisungen. Er lässt Bruchsteine für neue Mauern kommen (links) und plant die Anlage einer neuen Terrasse (rechts).

149 Blitzschnell sieht er im Garten alles

Ein Gartenbuch führte Adenauer schon lange nicht mehr. Warum auch, als Kanzler hatte er jetzt in Rhöndorf eine Sekretärin, die bei den Inspektionsgängen seine Anweisungen an die Gartenbaufirma stenografierte und abtippte:

> Die Änderungswünsche des Herrn Bundeskanzler sind folgende:
>
> Die Konrad-Adenauer-Rosen stehen zu dicht! Sie müssen mehr Luft haben. Die Linde wird zu groß. Ausästen!
>
> Die übrigen Mauern im Garten müßten mehr durch Pflanzen unterbrochen werden, es müßten also hin und wieder Steine herausgenommen werden deshalb.
>
> Am Goldfischteich müßten die großen Pflanzen weggenommen werden.
>
> Auf den Rabatten müssen viel Küchenkräuter, vor allem Sauerampfer viel [!!], sowie Salat und Tomaten, Petersilie usw. usw.
>
> Grünes Kleinzeug sollte Frau Poppinga, die Mutter vom Fräulein Poppinga im Kanzleramt, bekommen.
>
> Der Eisenhut muß verpflanzt werden!
>
> Alle Rhododendron-Pflanzen wegnehmen und zusammensetzen in einem Hain!

Adenauers Anweisungen während der Gartenbesichtigung im Oktober 1961 sind drei volle Schreibmaschinenseiten lang, mit vielen, vielen Ausrufezeichen!!! Aber wehe, sie werden nicht gleich umgesetzt: „Blitzschnell sieht er im Garten alles, was nicht in Ordnung ist, und reagiert", berichtete sein Garteninspektor Berns.

Aber Adenauer wäre nicht Adenauer, wenn er sich nicht auch selbst bückte. Ein Gärtner erzählte, wenn Adenauer irgendwo ein Unkraut entdeckte, das die Gartenarbeiter „vergessen" hatten, habe er es selbst beseitigt. Die ausgerupften Vogelmieren oder den Waldthymian habe er dann als „stumme Mahnung" auf den Weg gelegt und gesagt: *Die Leute sollen ruhig wissen, daß sie nicht aufgepaßt haben. Es zeugt von wenig Liebe zu den Pflanzen, wenn man sie im Unkraut stehen läßt.*

Als Kanzler sind die Zeiten vorbei, da in Rhöndorf dieses und jenes erfunden wurde, jetzt wird im Garten vornehmlich *jedacht*: *Ich gehe durch meinen Garten und denke über ein schwieriges Problem nach.*

Morgens, nachdem er seinen *Pfeffermünztee* getrunken hat, spaziert er eine Runde durch den Garten. Er liest noch den Pressespiegel, und dann geht es die 58 Stufen hinunter. Auf der Straße wartet schon sein Fahrer mit dem Mercedes-Benz 300, und Journalisten versuchen ihn für ein tagesaktuelles Statement abzufangen. Ein Polizeikrad mit Blaulicht vorne, ein Polizei-VW hinten, geht es nach Bonn. Die Fähre über den Rhein steht schon für den Herrn Bundeskanzler Dr. Adenauer exklusiv bereit. Weiter geht es zu seinem Amtssitz im Regierungsviertel, dem Palais Schaumburg, das einen großen Park hat. Adenauer hatte mit dafür gesorgt, dass Bonn, nur 15 Kilometer von Rhöndorf entfernt, die „provisorische Hauptstadt der Bundesrepublik Deutschland" wurde. Die Fahrt mit der Fähre kann man noch immer machen, und auch das historische Regierungsviertel in der heutigen „Bundesstadt" Bonn lässt sich noch heute besichtigen.

Abends kommt Adenauer müde von den Regierungsgeschäften zurück. Am 13. Juni 1962 hält sein Sohn Paul, der mit im Haus lebt, in seinem Tagebuch fest:

„Vater kommt ganz erschossen nach Hause und sagt: ‚Die Menschen können doch sehr gemein sein'. Die Politik sei doch eine gefährliche Sache, und es sei nicht leicht, immer unter Politikern zu sein. Wie glücklich ist er dann in seinem Garten, wie nimmt er jede Einzelheit auf."

Adenauer ist da bereits 86 Jahre alt. Gemeinsam bewundern sie den Sonnenuntergang, lauschen dem Plätschern des Brunnens, stellen das Flutlicht an und spielen noch eine Runde Boccia im Garten. Am nächsten Morgen geht es dann wieder ins „Treibhaus Bonn", wie der Schriftsteller Wolfgang Koeppen die Stadt genannt hat, zurück in das schwüle Klima der Provinzstadt und den erhitzten Politikbetrieb.

155 Der Rosenliebhaber

Es machte ihm offensichtlich Spaß, auch als Bundeskanzler für Pressefotos und Filmaufnahmen im Garten zu posieren. Immer wieder steht er jetzt mit Anzug und Krawatte bei seinen geliebten Hochstammrosen. Man hat aus ihm einen Rosenzüchter gemacht, obwohl er dies stets dementierte. In einem Artikel mit dem Titel „Die Rosenstunde von Rhöndorf" zitierte die Zeitschrift *Epoca* im Oktober 1963 Adenauer mit den Worten:

> *Warum ich Rosen besonders liebe?*
> *Nun, die Rose ist die dankbarste und schönste Blume, die ich kenne. In meinem Garten blüht sie fast das ganze Jahr über in einer verschwenderischen Fülle und Schönheit. Aber, nein, natürlich habe ich nicht gezüchtet. […] Ich bin Rosenliebhaber, so wie es viele in der Welt gibt, kein Rosenzüchter.*

Und als *Rosenliebhaber* freue er sich, wenn eine *neue, gute Sorte herausgebracht wird, die sich dann auch bewährt.* Und *duftet.* Rosen hielt er auch für *pflegeleicht.* Was das Letztere betrifft, muss man ihm widersprechen. Denn Rosen sind für jeden Gärtner eine große Herausforderung, da sie viele Feinde haben, vor allem wenn sie windgeschützt oder im Schatten stehen und die Blätter nicht abtrocknen können. Die sonnige Hanglage mit den Aufwinden macht aber noch heute die Rosenpflege in Adenauers Garten leichter. Adenauers Standardwerk zu diesem Thema war *Die Rose in Garten und Park* aus dem Verlag der Gartenschönheit. Das 1936 erschienene Buch begleitete ihn sein Gärtnerleben

Das ist der Vorteil von Hochstammrosen: Sie sind mit dem Rosenliebhaber auf Augen- und Nasenhöhe. Und zum Beschneiden muss man sich nicht tief bücken.

lang. Im Kapitel SCHNITT strich er mit Bleistift an: „Als Regel kann gelten: je kräftiger der Gesamtwuchs, desto mehr Triebe sollen herausgeschnitten werden und desto weniger dürfen die verbleibenden gekürzt werden."

Im Kapitel ANZUCHT gibt es keine Anstreichungen von ihm, doch hat er die endlosen Rosenlisten – zumeist ohne Bild, nur mit Beschreibungen – regelrecht durchgearbeitet und Rosen ausgewählt. Auf den leeren Seiten hinten im Buch erstellte er mit Bleistift eine Liste seiner Lieblingsrosen, sortiert nach Farben und Wuchshöhen. Seine Rosen sollten *mehrmals blühen*, sie sollten *kräftige* Farben haben – gelb, rot, rosa –, und sie sollten *duften*. Rosen, die als „mehltauanfällig" beschrieben waren, markierte er. Die kamen ihm nicht in den Garten.

Die Rosenpflege, das war sein Ding. Auch seiner langjährigen Mitarbeiterin Anneliese Poppinga gab er gärtnerische „Belehrungen" samt politischen Verweisen:

> *Das richtige Schneiden, darauf kommt es an! Immer darauf achten, daß ein Trieb nach außen bleibt. Die Pflanze muß sich richtig entwickeln können, das ist wichtig.*
> *[...]*
> *Wissen Sie, daß Gartenarbeit eine hervorragende Schule für die politische Tätigkeit ist? Sie zwingt zur Geduld, und sie verlangt eine stetige Arbeit. Man muß die Pflanzen mit Sorgfalt pflegen und dabei berücksichtigen, daß man ihrem natürlichen Wuchs keine Gewalt antut.*

Das sagte er dem *Froillein Poppinga* am 13. August 1961. Es war der Tag des Mauerbaus in Berlin. Geduld angesichts des Mauerbaus? Seine Mitarbeiter, seine Minister drängten, er müsse nach Berlin fliegen, um Anklage gegen die unmenschliche Spaltung Deutschlands zu erheben und Berlins Regierendem Bürgermeister Willy Brandt nicht das Terrain zu überlassen. Adenauer flog erst neun Tage später, am 22. August, in die geteilte Stadt und wurde kühl empfangen. Die Berliner ließen ihn spüren, dass sie ihn jetzt eigentlich nicht mehr brauchten.

Heute gibt es im Adenauergarten reichlich Strauch-, Hochstamm- und einige Kletterrosen, wie die beeindruckende ‚New Dawn' am Haus. Zu seinen Lebzeiten waren es deutlich weniger. Adenauer hat seine Rosensammlung nicht dokumentiert, deshalb kennt man leider nicht mehr alle Sorten. Der Journalist der Zeitschrift *Epoca,* der Adenauer 1963 am „Rosenhang" in Rhöndorf besuchte, berichtete:

> „Den Kanzler faszinieren vor allem die ‚Urformen' der Rose. Unter den zahlreichen Sorten gehören zu den besonderen Lieblingen ‚Gloria Dei', gelb mit feinem rotem Rand, die weiße ‚Kaiserin Auguste Victoria' und die Sorte ‚Crimson Glory', großblütig, vorzüglich gefüllt und herrlich geformt. Grelle Farben und bizarre Formen mag er nicht; auch sollen die Harmonie des Gartens keine allzu aufdringlichen ‚Farbkleckse' stören."

Und auf die selbstgestellte Frage, warum er die Rose besonders liebe, diktierte Adenauer dem Reporter noch:

> *In meinem Garten blüht sie fast das ganze Jahr über in einer verschwenderischen Fülle und Schönheit. Ich bedauere es ein wenig, dass die modernen Züchter heute mehr und mehr der Mode folgen und auf die Größe der Blätter und möglichst bunte Farben hin züchten und dabei oftmals den Duft und die klaren Farben ganz außer Acht lassen.*

Adenauer war es immer wichtig, dass frische Blumen im Haus standen. Dafür hat man schließlich einen Garten. Mit seiner kleinen Rosenschere ging er vor die Tür, um Rosen zu schneiden. Einige seiner Lieblingsrosen lassen sich noch heute im Garten finden.

161 Die Konrad-Adenauer-Rose

In den vergangenen fünfzig Jahren haben Züchter Hunderte neue Sorten in den Handel gebracht. Rosen sollen heute möglichst winterhart und widerstandsfähig gegen Mehltau und Sternrußtau sein. Eine Neuzüchtung, eine dunkelrote Rose, erhielt im Jahr der ersten Internationalen Gartenbauausstellung 1953 in Hamburg den Namen Konrad-Adenauer-Rose. Hatte er sie gezüchtet? *Die Konrad-Adenauer-Rose? Nein, natürlich habe ich sie nicht gezüchtet.*

Adenauer hatte dem Rosenzüchter Tantau die Erlaubnis gegeben, sie nach dem Kanzler zu benennen. Aber natürlich gab Adenauer seinen Namen **nur** für eine Duftrose: *Der Duft, so meine ich, ist neben der Form und einer reinen, leuchtenden Farbe das Schönste an der Rose. Alles das macht erst den typischen Rosencharakter aus.*

Die Konrad-Adenauer-Rose steht nicht nur im Rhöndorfer Garten, sie ist auch in jedem Rosenbuch und jedem Rosenkatalog zu finden. Er bedankte sich für das Geschenk und die Ehre bei der *Sehr geehrten Frau Tantau!* und dem *Sehr geehrten Herrn Tantau!* und fragte: *Gibt es die Rose auch als Hochstamm? Mit freundlichen Grüßen – Ihr ergebener* (Adenauer)

Als Hochstamm gab es sie nicht und gibt es sie bis heute nicht. Aber warum diese Hochstammmanie? Ein Hochstamm ist zur Pflege und zum Riechen – zumal im Alter – eben leichter. Wie die heute beliebten Hochbeete. Dafür hatte Adenauer seine Mauern und Hangbeete.

165 Wie Bella Italia nach Rhöndorf kam

Kanzlerferien am Comer See. Es war noch die Zeit, als sich Politiker Zeit lassen konnten, denn im Garten zwitscherten nur die Vögel.

„Ohne Cancelliere nix, alles morte." So gab es Andrea, der Gärtner der Villa La Collina, zu Protokoll. Das änderte sich immer schlagartig, wenn der Kanzler sein italienisches Feriendomizil und „Ersatzkanzleramt" Cadenabbia bezog. Ab 1957 ging es möglichst zweimal im Jahr, im Frühjahr und im Sommer, an den Comer See, im Gefolge Sekretärinnen, Sicherheitsbeamte, Fahrer und stets auch Adenauers Töchter. Die Akten und das Gepäck kamen in VW-Bussen. Auf dem Rückweg boten die auch Platz für Pflanzen und Gartensouvenirs.

Wenn der „Cancelliere" in den 800-Seelen-Ort einzog, standen vor ihren Geschäften winkend die Souvenirhändler, die Zeitungsfrau mit ihrer Enkeltochter, der Fotograf Giuseppe Moro, der lokale Bocciachampion und Adenauers Urlaubsfriseur. Auch viele deutsche Touristen säumten den Weg, nicht wenige machten hier wegen „ihres Kanzlers" Urlaub. Adenauer bezog dann die Villa La Collina mit ihrem weitläufigen Garten, die einen Blick über den Comer See und auf den Gipfel des Grigna bot. *Was gibt's Neues aus Bonn?*, lautete morgens die erste Frage an den mitgereisten Stab. Politisch ist Cadenabbia eine Geschichte für sich.

Was blüht denn da? Andrea, der Gärtner, weiß alles: tiefroter Oleander, Flieder mit hängenden Blütentrauben, das blaue Feuerwerk der Schmucklilien und wilde purpurfarbene Alpenveilchen. Und am Feigenbaum hängen herrlich süße Früchte. Konnte das alles nicht auch in Rhöndorf mit seinem südländischen Klima blühen? Adenauer versuchte es. All diese Pflanzen sind auch im Rhöndorfer Garten zu finden. Doch nicht nur die Bäume und die Mittelmeer-Flora in dem weitläufigen Park hatten es Adenauer angetan, sondern auch die „italienische Gartenkunst", wie sie heute im Denkmalgutachten des Adenauergartens genannt wird.

Im Nachbarort Lenno betrieb Signora Colomba in einer alten Villa einen exquisiten Antiquitätenladen, in dem es unter anderem barocke Steinskulpturen, Brunnen und Gartenbänke gab. Vor allem ein Kaskadenbrunnen mit zwei Schalen und einem Pinienzapfen als Krönung interessierte Adenauer. „Der Bundeskanzler war beeindruckt", schreibt Anneliese Poppinga in ihren Erinnerungen. „Er ließ es Frau Colomba wissen. Sie nahm es lächelnd zur Kenntnis. Wenn Exzellenz großen Gefallen an dem Brunnen finde, nun, es ließe sich darüber reden. Und der Preis? Das wäre jetzt nicht so wichtig. Er solle sich in Ruhe erst einmal umsehen." Er tat es und kaufte den Brunnen, vier Putten und einen Pinguin. So kam Stück für Stück der Comer See in den Rhöndorfer Garten.

Kanzlerferien in Cadenabbia bedeuteten morgens Pressespiegel, Diktate, Telefonate, Interviews. Nach dem Mittagessen und der üblichen Siesta wurde am Spätnachmittag regelmäßig Boccia gespielt. „Der Bundeskanzler war kaum zu schlagen. Er spielte konzentriert und mit Schwung", weiß Poppinga zu berichten. Boccia, die italienische Variante des Boulespiels, lernte Adenauer in Cadenabbia bei einheimischen Meistern. Und so entstand die Idee, im Rhöndorfer Garten eine Bocciabahn anlegen zu lassen. Eine tolle Sache, wird er sich *jedacht* haben. Und wenn er sich was dachte, blieb es nicht nur beim Gedanken.

171 Pleasure ground

Die Engländer haben einen schönen Begriff für den Gartenbereich direkt am Haus, wo man Tea Time hält, Kinder und Erwachsene spielen: Pleasure ground. Adenauer hatte bereits ein „Teehaus", und 1958 ließ er sich nach dem Vorbild von Cadenabbia eine Bocciabahn anlegen: 12×4 Meter mit einem roten Sandboden. Ein Flutlicht sorgte dafür, dass man auch im Dunklen spielen konnte. Nicht nur Bäume, Büsche und Pflanzen brachte Adenauer aus seinem Urlaubsort mit, sondern auch Bocciakugeln. Sie sind noch heute im Museum zu sehen.

In einem Bericht der Deutschen Wochenschau über Adenauers Urlaub 1962 in Cadenabbia zeigte sich der 86-jährige Kanzler bocciaspielend und erklärte:

> *Manche werden sagen, ich verstehe nicht, warum der Bundeskanzler einer Kugel aus Holz zuliebe da rumläuft und sich bückt und sich quält, um genau ein anderes Stück Holz zu treffen. Wer so spricht, versteht erstens wenig vom Sport und zweitens insbesondere gar nichts vom Boccia-Spiel. Das Boccia-Spiel verlangt ruhige Nerven und ein gutes Auge und eine wohlüberlegte Dosierung der körperlichen Kraft, mit der der Ball geworfen oder geschleudert wird.*

Die Kugeln zu werfen oder zu schleudern, hielt ihn nicht nur fit, es verschaffte ihm auch gute Laune – vorausgesetzt, er gewann. Denn verlieren konnte der Sportsmann und Politiker nicht, das drückte auf die Stimmung des alten Herrn. Seine Kinder und die Sekretärinnen, die er zu einer Partie „bewegte", wussten das nur zu gut und ließen ihn lieber die Punkte machen. Wenn er nicht selbst schummelte, was sie geflissentlich übergingen.

»Der Alte«, wie er genannt wurde, zeigte Pressefotografen seine Fitness beim Bocciaspiel im Garten. Sollte sagen, seht, ich bin auch als Kanzler noch spielend im Amt.

175 Man zeigt gerne, was man hat

„Man zeigt gerne, was man hat", schrieb Adenauers Schwiegermutter Wilhelmine Zinsser beeindruckt von Haus und Garten, als die Familie 1937 einzog. Etwas Zeigbares, das Adenauer mit Leidenschaft verfolgte, war italienische Gartenkunst.

Am Hauseingang begrüßt Flora, die Göttin des Frühlings, mit einem Eichenzweig in der Hand die Besucher. Die barocke Steinskulptur ist eines von vielen Mitbringseln Adenauers aus Italien. Barockputten der vier Jahreszeiten findet man im Garten gleich doppelt. Es gibt einen barocken Kaskadenbrunnen, einen Putto auf einem wasserspeienden Delphin und einen Amor aus Bronze an einer Brunnenschale.

In der Weltpolitik kommt es immer auch auf das persönliche Verhältnis zwischen den Mächtigen an. Haben sie einen Draht zueinander, etwas Gemeinsames? Intime Spaziergänge durch den Garten werden geholfen haben, manchmal ein Bocciaspiel. Und Geschenke erhalten die Freundschaft. Dwight D. Eisenhower malte für Adenauer ein „Waldstück" in Öl. Der Beschenkte fand es jedoch scheußlich. Besser gefielen ihm die „Antiken Säulen vor Landschaft" des britischen Premiers Winston Churchill. Beide Bilder hängen heute in Rhöndorf an der Wand. Passende Geschenke für den Garten waren willkommen: Der japanische Außenminister Aiichiro Fujiyama überreichte ihm 1960 zwei Tempellampen, das Bundeskabinett zum 86. Geburtstag eine Steinbank. Natürlich mit dem Dementi, dies sei „keine Aufmunterung, sich zur Ruhe zu setzen".

Zum Dank, dass im Gefolge Adenauers Touristen an den Comer See kamen, schenkte ihm der Bürgermeister von Cadenabbia den „Amorbrunnen" am „Memoiren-Pavillon".

Der wichtigste Staatsbesucher in Rhöndorf war sein *cher ami* Charles de Gaulle. Für die beiden Visionäre der europäischen Einigung wurden nach Adenauers Tod Bronzestatuen des ungarischen Bildhauers Imre Varga im „Kajüten-Garten" aufgestellt.

Am meisten berührte Adenauer ein Geschenk des Verbands der Heimkehrer, Kriegsgefangenen und Vermisstenangehörigen Deutschlands: Die Bronzeskulptur „Heimkehr aus Rußland" der Bildhauerin Yrsa von Leistner trägt die Inschrift: „In Dankbarkeit für das Ringen um die Heimkehr der deutschen Kriegs- und Zivilgefangenen bei den Moskauer Verhandlungen im September 1955."

Jedem Besucher zeigte Adenauer stolz die Statue. Die Rückholung von etwa 10.000 deutschen Soldaten und 20.000 Zivilisten aus sowjetischer Gefangenschaft betrachtete er als einen der wichtigsten Erfolge seiner Kanzlerschaft.

Eine Frau küsst dem Bundeskanzler die Hand, als er im September 1955 aus Moskau zurückkehrt. Eine Statue in seinem Garten erinnert an die Heimkehr von zehntausend Kriegsgefangenen und noch mehr Zivilinternierten aus sowjetischer Gefangenschaft.

179 Der Memoiren-Pavillon

Et jitt kei größer Leid, als wat der Minsch sich selvs andät. Ich mit meinen Memoiren, zitiert Sohn Paul seinen Vater in einem Tagebucheintrag im Dezember 1963. Er habe aber auch gesagt: Man muss ja allmählich ganz groß von sich denken, dass man sogar Memoiren schreibt. Aber genau darum ging es Adenauer: um seine Größe, um die Deutungshoheit und um sein politisches Vermächtnis. Sah er doch die deutsch-französische Freundschaft durch Atlantiker gefährdet. Um seine Erinnerungen zu schreiben, ließ er sich nach eigenen Entwürfen den „Memoiren-Pavillon" oder „Tempel", wie er dann auch genannt wurde, bauen. Im Haus selbst war ihm zu viel Betrieb und Lärm.

Nachdem Parteifreunde und die FDP ihn 1962 gezwungen hatten, seinen „freiwilligen" Abgang als Kanzler anzukündigen, den er als dritten Rauswurf in seinem Leben empfand, hatte Adenauer Zeit, sich mit seinen Memoiren Leid anzutun. Sein Schwiegersohn, der Architekt Heribert Multhaupt, erstellte die Baupläne für den neuneckigen Pavillon aus Siam-Teak mit Kupferdach, der am Ende der Rosenterrasse gebaut wurde.

Adenauer stand morgens um 5 Uhr auf, setzte sich um 7 an den Schreibtisch im Tempel der staatspolitischen Erinnerung und schrieb „fleißig wie ein Junge an seiner Examensarbeit", wie sein Sohn Paul notierte. Anneliese Poppinga erinnerte sich allerdings, dass sie ihn dazu drängen musste. Er müsse doch wiedergeben, was er alles Großes geleistet habe. Ach, das ist verrauscht. Aber dann ging er doch mit ihrer Hilfe pflichtbewusst an die Arbeit.

Drei Tage in der Woche machte Adenauer in Bonn noch eifrig Politik als CDU-Bundesvorsitzender, aber der Rest war für die Memoiren reserviert. Und noch immer sah er „blitzschnell im Garten alles und reagiert". Ein Draht vom Zaun schnürt die Linde ein: Muss weggemacht werden. Die erfrorenen Kirschbaumzweige müssen rausgeschnitten werden. Es regnet, er spaziert mit dem Schirm durch den Garten und macht sich seine Gedanken. Noch spät abends muss er nach dem Flieder sehen und an ihm riechen. Der Aprikosenbaum kränkelt, aber er gibt ihm Jahr für Jahr eine weitere Chance. Nur was die Politik betrifft, verließ ihn im Alter die Geduld.

183 Der Head Gardener der Bonner Republik

Könnte es sein, dass Adenauer auch die Bundesrepublik als einen Garten betrachtete, als seinen Garten, den er *zur schönsten Entwicklung und Blüte bringen* wollte? Als Kölner Oberbürgermeister, als CDU-Vorsitzender und als Bundeskanzler sah Adenauer sich auch explizit als Gärtner. Sohn Paul schrieb am 7. November 1961 in sein Tagebuch: „Vater: *Unglücklicher Tag. Was ich mir da aufgeladen habe. Partei! Volk und Vaterland retten. Ich bin Gärtner, der sät, hegt und pflegt und wachsen lässt.*"

Doch Adenauer säte, hegte und pflegte nicht nur, er jätete und holzte auch ordentlich und griff schon mal zur Giftspritze – in der Fraktion, im Parlament und in der Öffentlichkeit. Selbst seine Minister hatten nicht wirklich viel zu sagen.

Man hat seine Kanzlerschaft eher beschönigend „Kanzlerdemokratie" genannt. Seinem Sohn gegenüber offenbarte Adenauer an dem Tag auch noch glasklar, um was es ihm ging: *Ich will bare Macht (Machiavelli wusste es), um Deutschland zu retten, Macht, die das Grundgesetz gibt.*

Adenauer wollte nicht nur bare Macht, er übte sie auch aus. Wie ein Gärtner, denn ein Garten ist nun einmal keine demokratische Veranstaltung. Und dass der Zweck die Mittel heiligt, das sagt sich schon mal jeder Gärtner. Auch als Politiker war Adenauer durch und durch ein Gärtner. Die Bonner Republik war **sein** Garten und er der Head Gardener, der Chefgärtner. Da musste erst ein Willy Brandt kommen, um „mehr Demokratie wagen" zu proklamieren, Betonung auf „wagen".

185 Der weite Horizont

Wir leben alle unter einem Himmel, aber nicht alle haben denselben Horizont. Das hatte Adenauer dem späteren SPD-Fraktionschef Herbert Wehner entgegengehalten. In seinem Garten hatte Adenauer einen *weiten Horizont.* Er überblickte von hier aus nicht nur die Stationen seines Lebens, sondern auch Schauplätze der deutschen Geschichte.

Rheinabwärts seine Geburtsstadt **Köln**, deren Oberbürgermeister er bis 1933 war. Auf dem Messegelände und im Gefängnis in Brauweiler nahe Köln waren er und seine Frau Gussie mit dem Tode bedroht worden. Er hatte Köln im Feuerschein der britischen Bombenabwürfe gesehen, bevor er 1945 erneut Oberbürgermeister wurde und wenig später der zweite Rauswurf erfolgte.

Nähergelegen die „provisorische Hauptstadt Deutschlands" **Bonn**, wo er 1949 das Grundgesetz unterzeichnete und 14 Jahre lang sein Amt als Bundeskanzler ausübte.

Schräg gegenüber, auf der anderen Rheinseite, das **Rheinhotel Dreesen**. Dort hatte Adolf Hitler im September 1938 mit dem britischen Premierminister Neville Chamberlain die Sudetenfrage verhandelt. Hitler wollte den Krieg provozieren. Der britisch-französischen Beschwichtigungspolitik gelang es, ihn ein Jahr aufzuschieben. Vis à vis des Hotels liegt der Petersberg, Sitz der Alliierten Hohen Kommission. Im September 1949 trat Adenauer gegen das Protokoll selbstbewusst zu den Hochkommissaren „auf den Teppich". Bald überzeugte er sie, der Bundesrepublik wieder Souveränitätsrechte zu geben.

Stromaufwärts der **Rolandsbogen**, an dem er sich mit seiner ersten Frau Emma verlobt hatte und den er auch mit seiner zweiten Frau Gussie und den Kindern gerne besuchte.

Etwa zehn Kilometer rheinaufwärts die **Brücke von Remagen**, über die die amerikanischen Befreier im März 1945 vorstießen und ihn zurück in die Politik holten.

Links am Rhein noch **Unkel**. Adenauer konnte nicht wissen, dass nach seinem Tod Willy Brandt dort leben würde, den er als Emigranten geschmäht hatte, bevor er später die Große Koalition mit ihm befürwortete. Doch wie sagte er gelegentlich: *Niemand kann einen daran hindern, von Tag zu Tag klüger zu werden.*

189 Der Aprikosenbaum blüht

Als Kind hatte er dem Kaiser bei strammer Marschmusik zugewunken, als Oberbürgermeister hatte er 1918 in Köln die Novemberrevolution geschickt in friedliche Bahnen gelenkt, in der Zeit der Weimarer Republik war er Präsident des Preußischen Staatsrates in Berlin und als Reichskanzler im Gespräch, in der Nazizeit hatte er mehrfach um sein Leben gebangt. Jetzt ist er 91 Jahre alt. Nur ein gutes Jahr später wird die Studentenbewegung jegliche Autorität infrage stellen, die Ära Adenauer endgültig beenden und Gärten zum konterrevolutionären Kleinbürgerparadies erklären.

Es ist April des Jahres 1967. Es regnet und regnet. Adenauer sehnt den Frühling herbei *mit seinen Blumen und Düften.* Die liebgewonnenen Runden durch den Garten mit seinem Hund Brando fallen ihm immer schwerer. Die roten Tulpen müssten bald blühen. Geschwächt bleibt ihm nur noch der Blick vom Bett in den „Schlafzimmergarten". Und er stellt sich letzte Fragen. Ist der Mensch gut oder böse? Spätestens nach der Nazidiktatur war er sich der Antwort sicher. Er habe geträumt, *dass im Verlaufe der Jahrtausende die Menschen doch besser würden,* erzählt er seiner Mitarbeiterin Anneliese Poppinga. Sie informiert ihn, was in der Welt vor sich geht – und was sich im Garten tut. *Blüht der Aprikosenbaum schon?* Er bittet die Familie zu sich ans Sterbebett. Als Tränen fließen, sagt er: *Do jitt et nix zo kriesche,* es gibt keinen Grund zu weinen.

In Maria Laach hatte er sich im Buch des Gartenphilosophen Karl Foerster angestrichen: „Das Gute bricht sich aber keineswegs selber Bahn." Dem Guten die Bahn zu brechen, sah er als seine Pflicht und seine Verantwortung. Wie seinen Garten hatte er Köln, hatte er die Bundesrepublik und Europa zielstrebig und fruchtbringend gestaltet.

Am 19. April 1967 stirbt der Gärtner von Rhöndorf und Head Gardener der Bonner Republik. Anneliese Poppinga bricht einen blühenden Ast vom kränkelnden Aprikosenbaum und stellt ihn ins Sterbezimmer.

Anmerkungen

1 Das Buch ***Garten als Zauberschlüssel*** von Karl Foerster erschien erst 1934 im Rowohlt Verlag Berlin. Möglicherweise war es bereits zuvor erhältlich. Wahrscheinlicher ist jedoch, dass Adenauer das Buch zwar während seines Aufenthalts in Maria Laach las, sich aber bei der handschriftlichen Datierung irrte. Er lebte von April 1933 bis April 1934 in der Abtei.

2 **Karl Foerster** [1874–1970] gründete 1903 in Berlin eine Gärtnerei. Ab 1912 legte er rund um sein Wohnhaus in Potsdam-Bornim einen großen Garten mit sechs Themenbereichen an: Senkgarten, Frühlingsweg, Naturgarten, Herbstbeet, Steingarten und Versuchsgarten. Er züchtete 370 neue Sorten, vor allem Phlox, Rittersporn, Astern und Gräser. Sein Garten wurde inzwischen rekonstruiert und kann besichtigt werden.

3 **Josef Giesen** [1887–1962] war von 1926 bis 1933 Gartenbaudirektor der Stadt Köln. Nach seiner Entlassung durch die Nazis betrieb er in Wesseling-Urfeld eine Gärtnerei. Er bildete dort ab 1937 unter anderem jüdische Jugendliche aus, die nach Palästina in Kibbuze emigrierten. Nach dem Attentat auf Hitler am 20. Juli 1944 wurde Giesen verhaftet und nach Berlin gebracht. 1945 machte Adenauer seinen früheren Mitarbeiter zum Beigeordneten der Stadt Köln, der nicht nur für Garten- und Parkanlagen, sondern auch für die Beseitigung der Kriegstrümmer zuständig war.

4 **Eugen Zander** [1902–1971] hatte vor 1933 als städtischer Gärtner in Köln auch im Garten des Oberbürgermeisters gearbeitet und kannte Adenauer daher persönlich. Er wurde während des Nazi-Regimes wegen Mitgliedschaft in der kommunistischen Partei zu einer langjährigen Haftstrafe und Sicherungsverwahrung verurteilt. Kurz vor Kriegsende kam er ins KZ Buchenwald. Nach der Befreiung der Häftlinge durch die US-Armee im April 1945 schrieb er von dort: »Aus dem K. L. Buchenwald senden Ihnen, werter Herr Dr. Adenauer, die besten Grüsse und Wünsche für eine erfolgreiche und glückliche Zukunft in unserem vom Nazi-Terror befreiten Vaterland.« Zander kehrte nach Köln zurück und wurde Gartenbauinspektor. Da er immer noch überzeugter Kommunist war, verweigerte ihm die Stadt Köln 1954 die Übernahme in das Beamtenverhältnis. Konrad Adenauer setzte sich in einem Brief an seinen Sohn Max Adenauer, der inzwischen Kölner Oberstadtdirektor war, für Zander ein.

5 Der Luftwaffenmajor **Fritz Schliebusch** [1892–1945] diente beim Oberkommando der Wehrmacht, sein Sohn **Klaus Schliebusch** [1921–1945] war Obergefreiter bei der Luftwaffe. Beide wurden wegen der Rettungsaktion verhaftet, aus der Wehrmacht entlassen und wie Adenauer ins Gestapogefängnis nach Brauweiler gebracht. Nachdem ihnen in den Wirren des Kriegsendes die Flucht gelungen war, wurden sie von den Amerikanern gefangen genommen. Völlig entkräftet starben die selbstlosen Retter Adenauers im März 1945.

6 Der Diplom-Garteninspektor **Otto Berns** [1903–1987] erstellte den Plan für den „Garten am Hause des Herrn Bundeskanzler Dr. Konrad Adenauer in Rhöndorf am Rhein. Bad Godesberg Juli 1954“. Berns war von 1948 bis 1969 Leiter des Garten- und Friedhofsamtes der Stadt Bad Godesberg. Er kam einmal in der Woche in den Garten, um nach dem Rechten zu sehen, beauftragte und beaufsichtigte im Namen Adenauers bis 1967 Firmen und Gärtner.

Danksagung – Im Garten kann man Geduld lernen

Auch ein Buch ist wie eine Pflanze, es muss gesät, gehegt und gepflegt werden, damit es wachsen kann. Die Idee meines langjährigen Produzenten Uwe Kersken, das ARD-Dokudrama „Konrad Adenauer. Stunden der Entscheidung“ zu drehen, führte mich an einem schönen Sommertag erstmals in den Garten in Rhöndorf. Als ich Bess, der Frau meines verstorbenen Freundes und Adenauer-Biografen Werner Biermann, Überlegungen für dieses Buch vortrug, war ihr Kommentar: „Nicht überlegen, schreiben.“ Und Dr. Corinna Franz, die Geschäftsführerin der Stiftung Bundeskanzler-Adenauer-Haus, sagte: „Darauf haben wir gewartet.“ Sie öffnete gemeinsam mit den Vorständen Manfred Speck und Konrad Adenauer Tor und Türen. Dank an die Stiftung und Blumen für alle Mitarbeiterinnen und Mitarbeiter, die uns immer hilfsbereit und kundig unterstützt haben; insbesondere sei den Historikern Dr. Holger Löttel und Andreas Polzin für Recherchen und Korrekturen gedankt, Melanie Eckert für das Entschlüsseln der Handschrift Adenauers im Gartenbuch, Gabriele Büsch für die Fotografien, die sie uns zugänglich machte, und dem Gärtner Guido Jacobs für fachliche Unterstützung.

Mein langjähriger Freund und Kollege Roland Breitschuh hat sich ohne Zögern auf das Projekt eingelassen und war zu allen Jahreszeiten just in time, bei Sonne, Regen, Nebel und Schnee, beim Blühen und Vergehen mit seiner Kamera im Garten.

In der Botanik stellt sich die Pflanzensoziologie die Frage: Was gedeiht wie und wo gut zusammen? Im Greven Verlag fragte man sich, würden wir gut zu ihnen passen? Verleger Dr. Damian van Melis und seine Mitarbeiter haben uns in ihr wunderbares Biotop aufgenommen. Insbesondere gilt unser Dank dem so einfühlsamen wie präzisen Lektorat von Wera Reusch, die Unkraut ausrupfte und umtopfte, und Art Director Thomas Neuhaus für das „einfach schöne Buch“.

Im Garten wächst und gedeiht nichts ohne einen guten Boden und Dünger. Das gilt auch für dieses Buch: Ohne die Publikationen etlicher Herausgeber und Autoren, die sich mit Adenauer befasst haben, hätte ich es nicht schreiben können. Auch ihnen ein Dank.

Und alles wäre nichts ohne meine geliebte Frau und Gartenenthusiastin Vera.

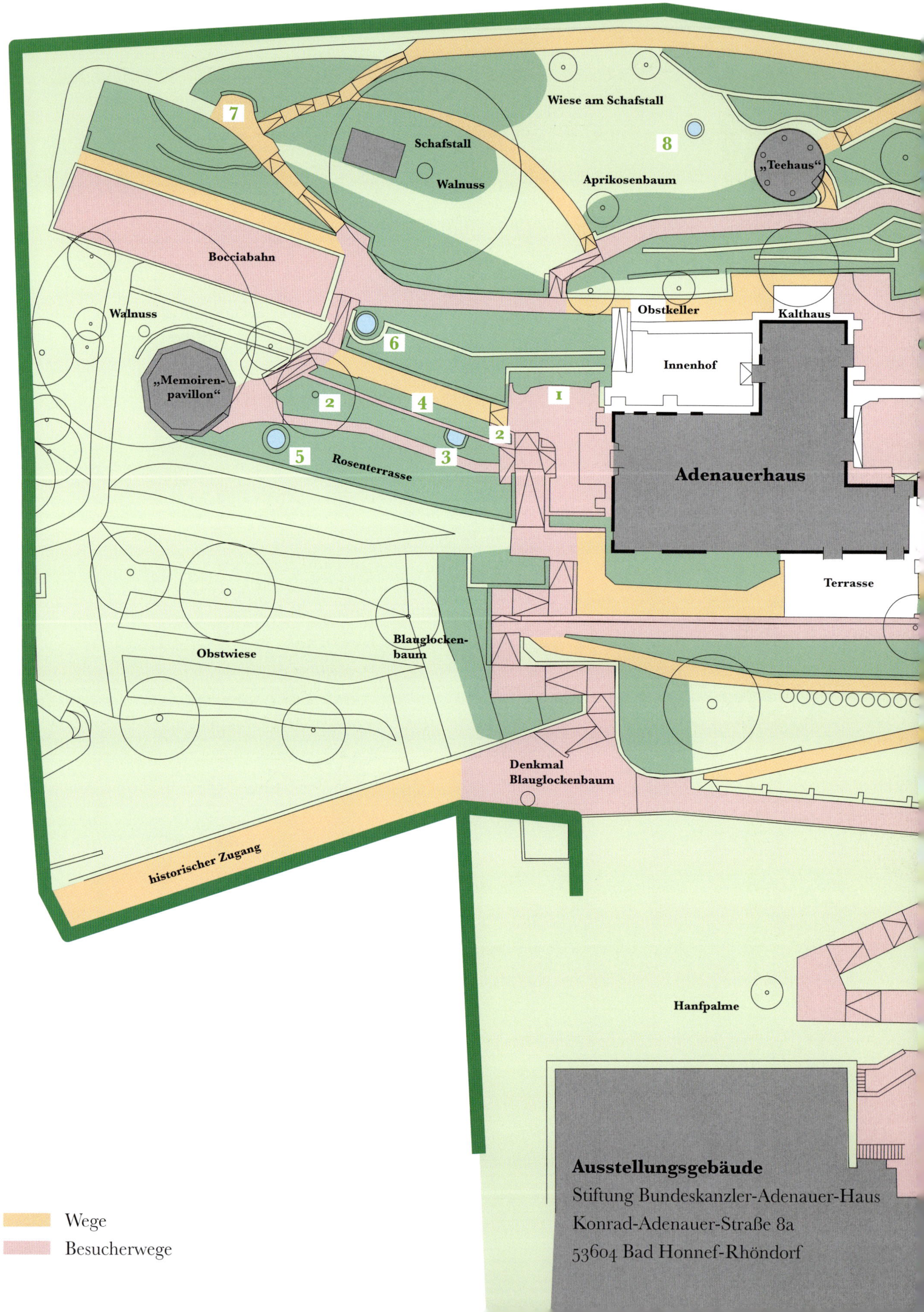
7
Wiese am Schafstall
Schafstall
Walnuss
8
Aprikosenbaum
„Teehaus“
Bocciabahn
Walnuss
Obstkeller
Kalthaus
6
Innenhof
„Memoiren-pavillon“
1
2
4
2
5
Rosenterrasse
3
Adenauerhaus
Terrasse
Obstwiese
Blauglocken-baum
Denkmal Blauglockenbaum
historischer Zugang
Hanfpalme
Ausstellungsgebäude
Stiftung Bundeskanzler-Adenauer-Haus
Konrad-Adenauer-Straße 8a
53604 Bad Honnef-Rhöndorf
Wege
Besucherwege

Legende

1	Flora, die Göttin des Frühlings
2	Japanische Tempellampen
3	Muschelbrunnen
4	Putten: Die vier Jahreszeiten
5	Amor-Brunnen
6	Kaskadenbrunnen
7	Löwenbank
8	Puttobrunnen
9	Putten: Vier Jahreszeiten
10/11	Bär und „Kabinettsbank“
12	Pinguinbrunnen
13	„Heimkehrer-Denkmal“
14	Löwenbrunnen
15	Adenauer-de-Gaulle-Denkmal

Herausgegeben von der Stiftung Bundeskanzler-Adenauer-Haus

Gefördert durch

Die Beauftragte der Bundesregierung für Kultur und Medien

LVR Qualität für Menschen

EGHN Europäisches Gartennetzwerk

Konrad-Adenauer-Freundeskreis e. V.

Bildnachweis

16: © Max Ehlert/Der Spiegel; **33:** © Stiftung Bundeskanzler-Adenauer-Haus, Rhöndorf; **37:** Archiv des Autors; **40:** Archiv des Autors; **47:** © Stiftung Bundeskanzler-Adenauer-Haus, Rhöndorf; **53 links und rechts:** © Stiftung Bundeskanzler-Adenauer-Haus, Rhöndorf; **60:** © Stiftung Bundeskanzler-Adenauer-Haus, Rhöndorf, Foto: Schröder; **65:** © Stiftung Bundeskanzler-Adenauer-Haus, Rhöndorf, Fotograf unbekannt; **72:** © Max Ehlert/Keystone; **93:** David Seymour/Magnum Photos/Agentur Focus; **99:** © Stiftung Bundeskanzler-Adenauer-Haus, Rhöndorf; **104 links und rechts:** L. Fritz Gruber: Das Adenauer Bilderbuch, Stuttgart 1956, Seite 30; **115:** © Stiftung Bundeskanzler-Adenauer-Haus, Rhöndorf; **121:** © Stiftung Bundeskanzler-Adenauer-Haus, Rhöndorf; **127:** Archiv des Autors **131:** © Max Ehlert/Der Spiegel; **135:** © Will McBride; **144:** © Georg Munker/Keystone; **145:** © Georg Munker/Keystone; **147 links:** © Keystone/Keystone; **147 rechts:** © Rolf Unterberg/Bundesbildstelle; **155 links und rechts:** © Stiftung Bundeskanzler-Adenauer-Haus, Rhöndorf; **165:** © Publifoto, Uni Parma **170:** © Rolf Unterberg/Bundesbildstelle; **176:** © Presse- und Informationsamt der Bundesrepublik Deutschland; **182:** © Rolf Unterberg/Bundesbildstelle

Für alle anderen Abbildungen: © Roland Breitschuh, Köln

Lektorat: Wera Reusch, Köln
Bildredaktion: Aiko Wolter, Köln
Gestaltung und Satz: Thomas Neuhaus, Billerbeck
Gesetzt aus der Celeste
Lithografie: prepress, Köln
Papier: Magno Volume
Druck und Bindung: Passavia, Passau

ISBN 978-3-7743-0926-5

2. Auflage

Detaillierte Informationen über alle unsere Bücher finden Sie unter:
www.greven-verlag.de

www.adenauerhaus.de